AF455374

RAPPORT

DE

M. ADOLPHE VEYTARD,

SECRÉTAIRE,

SUR

LES TRAVAUX DE LA SOCIÉTÉ,

Depuis le 1.er *Août* 1835, *jusqu'au* 1.er *Octobre* 1841.

Messieurs,

Six années se sont écoulées depuis que vous avez publié le premier volume de vos Mémoires, et que votre secrétaire, en vous lisant le compte-rendu qui devait servir d'introduction à ce recueil, a ouvert la seconde période de vos travaux. A cettep ériode va bientôt en succéder une autre, et le devoir dont mon prédécesseur s'est autrefois acquitté, je viens le remplir à mon tour. Je ne me suis point dissimulé, Messieurs, les difficultés de ma tâche. Il s'agissait de remettre sous vos yeux plus de mille leçons, rapports ou communications, et je devais craindre ou de fatiguer votre attention par des analyses trop longues, ou de refroidir votre intérêt par des résumés trop succincts. De plus, pour coordonner tant d'éléments confondus dans vos procès-verbaux, je n'avais qu'une méthode à suivre, c'était de les classer par ordre de matières. Mais n'est-il pas probable que cette distribution, si rationnelle d'ailleurs, aura répandu quelque monotonie sur des détails dont la variété, et je dirai presque l'heureux désordre, ont prêté tant de charme à vos séances? Je n'ose me flatter, Messieurs, d'avoir su éviter ces écueils; mais votre bienveillance qui m'a tant de fois soutenu, me rassure et m'encourage encore, et j'ai la confiance que vous considérerez moins les imperfections du travail que le zèle et les efforts de l'auteur.

Je diviserai cette analyse en huit parties.

Il sera d'abord question de la Géologie et de la Minéralogie qui étudient la structure du globe, les révolutions qu'il a subies, et les matériaux qui le composent.

Aux minéraux, c'est-à-dire aux corps inorganiques, succèdent les corps organisés, dont les végétaux occupent les limites. La Botanique nous fait connaître les plantes: la Culture les élève, les multiplie et les approprie à notre usage.

Viennent ensuite les êtres qui à la vie organique joignent la vie animale, et que la Zoologie réunit dans son domaine, longue chaîne dont l'homme forme l'anneau supérieur.

Ici l'abondance des sujets traités m'imposera une distinction qui, j'en conviens, est moins zoologique que philosophique, et me forcera à consacrer une partie entière à la science de l'homme, à l'Anthropologie.

Après cette dernière branche de l'histoire naturelle proprement dite, je placerai la Chimie, qui pénètre dans la composition des corps, et examine l'action intime et réciproque de leurs principes;

Puis les Mathématiques et la Physique, sciences dont la première considère les corps sous le rapport du nombre, de l'étendue et du volume, et dont la seconde constate les phénomènes extérieurs et en recherche les causes, afin d'en expliquer et d'en utiliser les effets.

L'astronomie, qui enseigne le cours et la position des corps célestes, nous arrêtera peu de temps;

Et enfin je rassemblerai, dans une dernière partie, les généralités qui n'auront pu trouver leur place dans les sept premières.

Première Partie.

GÉOLOGIE, MINÉRALOGIE.

I. — Continuant le cours de Géologie au milieu duquel l'avait laissé le dernier compte-rendu, M. Huot a successivement parcouru les terrains jurassique, keuprique, pénéen, anthraxifère et schisteux.

Puis, dans une suite de communications qu'il vous présenta à la fois comme le complément du cours qu'il venait de terminer et comme une introduction à celui qu'il se proposait d'ouvrir, il a passé en revue les idées émises sur l'origine de notre planète, depuis les opinions des écrivains anciens jusqu'à la théorie actuelle dont il a emprunté les preuves à l'observation et à l'analogie des faits. Il a dit quelles raisons on a d'attribuer les terrains dont se compose l'écorce du globe, les uns à l'action du feu, les autres au séjour de l'eau; comment les premiers, en passant de l'état de vapeur à la forme solide, ont dû se former de haut en bas; tandis que les seconds, en se précipitant du sein de la masse liquide, se sont au contraire disposés de bas en haut. S'appuyant toujours sur les phénomènes géologiques et sur les découvertes les mieux constatées, il en a déduit l'affaiblissement progressif du feu central et l'apparition successive des êtres organisés.

Il a ensuite décrit, parmi les substances minérales et les coquilles fossiles, les genres et les espèces dont la connaissance est inséparablement liée à celle des terrains, en suivant, dans les études minéralogiques, la méthode chimique de M. Beudant.

Le nouveau cours est alors venu occuper l'intervalle du 22 janvier au 30 juillet 1839. Aussi étendu que le premier, il a corrigé ce que celui-ci avait pu renfermer d'inexact, et compléter ce qu'il avait laissé d'imparfait. Si, dans toutes les sciences, une seule année voit éclore tant de découvertes, décréditer tant d'erreurs, et dissiper tant de nuages, quelles lumières ne doît pas acquérir dans un espace de deux ans, une science qui compte à peine un demi-siècle d'existence et qui ouvre une carrière si vaste aux investigations? Le professeur avait donc à signaler une foule de faits ignorés, à détruire des propositions anticipées, et des vides nombreux à remplir.

Il y a quelques années, par exemple, l'on protestait contre l'assertion de Spallanzani, et l'on niait que l'homme et même le singe eussent été contemporains du dernier cataclysme. Mais M. Huot vous annonça, dans une de ses communications, que M. Lartet venait de trouver des débris de quadrumane dans les formations les moins anciennes des terrains situés au sud de la Loire, et cette première rencontre d'un animal qui occupe le second rang dans l'ordre zoologique, semblait rendre vraisemblable la découverte ultérieure de fossiles humains. Déjà même M. Huot ne comprenait pas que les indices trouvés dans les cavernes ossifères de la Belgique et du midi de la France, dans les alluvions des bords du Rhin et des environs de Vienne, laissassent encore le moindre doute sur l'existence de l'homme à l'époque où fut transporté le terrain qui sépare les formations anciennes des terrains modernes ; mais, quoi qu'il en soit, avant le commencement du second cours, ce fait avait pris sa place parmi les faits avérés.

Des documents recueillis, résultait en outre la nécessité d'apporter à la classification, des modifications qui la missent en harmonie avec l'état de la science. Aussi M. Huot a-t-il fait subir à la nomenclature qu'il avait d'abord adoptée, des rectifications qui changent quelquefois les dénominations et les limites des divisions principales. Aux mots de *Terrain anthraxifère* il a substitué ceux de *Terrain carbonifère*. Le terrain keuprique a disparu pour se confondre dans les formations du terrain triasique, auparavant terrain pénéen. Enfin le terrain diluvien est devenu le terrain clysmien, nom que lui avait donné M. Alexandre Brongniart. Cette réforme s'est étendue aux formations, où je ne pourrais la suivre sans franchir les bornes dans lesquelles je dois resserrer mon travail.

Plusieurs formations parmi lesquelles se range notre calcaire pisolithique de Meudon, n'avaient pas été suffisamment déterminées et n'avaient pu être par conséquent bien classées. M. Huot les a placées entre le terrain crétacé et l'argile plastique, en appelant ce nouveau groupe *Étage infrà-inférieur du terrain supercrétacé*, dénomination qu'il a empruntée à plusieurs autres géologues.

De plus il a parcouru les couches d'origine aqueuse

dans un ordre contraire à celui qu'il s'était d'abord imposé, mais plus conforme à l'ordre chronologique. Il est parti des couches inférieures, c'est-à-dire des plus anciennes, pour s'élever aux couches supérieures qui sont les plus récentes et qui se forment encore tous les jours sous nos yeux.

II.—Du résumé de ses deux cours, je vais passer, messieurs, à l'analyse de ses communications.

M. Huot faisait partie de la Commission scientifique qui en 1837 visita la Krimée sous les auspices de M. le comte Demidoff. Chargé de rédiger la partie géologique et minéralogique du voyage, il vous a lu plusieurs fragments de sa relation.

Les terrains qui constituent les environs de Vienne et qu'il a eu l'occasion d'étudier attentivement pendant le séjour qu'il a fait dans cette capitale, sont le calcaire jurassique, la partie moyenne du terrain crétacé et deux formations supercrétacées qui offrent des particularités remarquables. De ces formations, toutes deux plus récentes que le terrain supercrétacé du bassin de Paris, l'une est tritonnienne, l'autre nymphéenne. La première (elle est inférieure à la formation nymphéenne) est un calcaire qui renferme beaucoup de bucardes et d'autres coquilles d'espèces moins anciennes que celles de nos environs. La seconde contient des limnées et des planorbes analogues à ceux de nos meulières.

De Vienne, la commission s'est rendue à Pesth par le Danube. Les sables d'alluvion qui bordent le fleuve sont aurifères et le métal est exploité sur plusieurs points. Ce calcaire marin que M. Huot avait reconnu aux environs de Vienne se retrouve aux environs de Pesth.

Votre collègue ne vous a pas encore lu la partie de son manuscrit qui traite de la Krimée. Il s'est borné, en vous offrant douze échantillons de coquilles fossiles dont la plupart sont d'espèces nouvelles, et ont été récemment dénommées par M. Deshais, à présenter quelques considérations sur les terrains dans lesquels il les a rencontrés. La position de certains dépôts le porte à conclure que leur existence est antérieure à celle du détroit d'Ieni-Kaleh et date d'une époque où la mer d'Azof était séparée de la mer Noire.

Vous avez encore entendu la lecture de plusieurs ouvrages qu'il se proposait de livrer à l'impression et dont je me bornerai, messieurs, à vous rappeler les sujets. C'étaient :

Des instructions relatives aux voyages géologiques, à l'équipement, aux instruments et aux précautions qu'ils exigent ;

Un manuscrit qui devait faire partie de la bibliothèque d'instruction populaire sous le titre de : *Maître Pierre, ou le savant du Village : Entretiens sur la Minéralogie ;*

Un mémoire sur les progrès et les découvertes successives de la minéralogie depuis les temps les plus reculés jusqu'à nos jours. En rappelant les expériences qui ont eu pour résultat la combustion du diamant, l'auteur a fourni à M. le docteur Balzac, l'occasion de citer une phrase de Théophraste qui semblait s'étonner que cette substance ne fût pas combustible ;

Un autre mémoire sur l'abondance de la houille dans certains pays, sur les avantages qu'elle leur procure et sur l'accroissement de cette richesse en France.

L'application des formules atomiques à la distinction des espèces minérales aurait, suivant M. Huot, de grands avantages. En effet, il est des substances qui sont composées des mêmes éléments et dont les proportions, données par l'analyse brute, ne présentent pas des différences assez tranchées, tandis que les formules atomiques, déduites de ces analyses, ne laissent aucun doute sur la différence des espèces. Ainsi l'orpiment et le réalgar, tous les deux composés de soufre et d'arsenic, ne sauraient être pourtant confondus, lorsque l'on compare leurs formules atomiques. Après avoir cité divers exemples des calculs simples qui servent à déterminer les formules atomiques d'après les analyses brutes, et réciproquement à passer des formules atomiques aux analyses quantitatives, M. Huot a donné les analyses de la monacite (phosphate de cérium et de lanthane) et de la bastanaëlite (fluorure des mêmes métaux).

Il vous a parlé de la saphirine, substance nouvellement découverte au Groënland par le docteur Gieseke et dont M. de Chesnel venait d'offrir un échantillon à la Société. La saphirine est rare et manque à beaucoup de collections qui passent cependant pour riches. Elle n'a encore été trouvée que sur un seul point, dans une roche de micaschiste. Elle cristallise irrégulièrement en lames, raye le quartz et est rayée par la topaze. Elle est infusible au chalumeau, et se compose, suivant M. Stromeyer, qui en a fait l'analyse, de silice, d'alumine, de magnésie, de chaux, d'oxide de fer, d'oxide de manganèse et d'eau. Sa pesanteur spécifique est 3,42.

III. — En donnant à la Société plusieurs échantillons géologiques et minéralogiques de l'Islande, il a mis sous ses yeux une série complète de roches et de minéraux rapportés de cette île par la Commission scientifique de la corvette la *Recherche*.

Il a en même temps relevé l'erreur des géologues qui placent sur le sol de l'Islande des cailloux roulés que des courants anciens y auraient transportés du Groënland; ces cailloux y ont été laissés par des navires auxquels ils avaient servi de lest. Le sol est entièrement volcanique.

C'est sous les basaltes qu'est déposé ce lignite connu des Islandais sous le nom de *surturbrand* (charbon du Dieu noir), et des lignites semblables se sont formés jusqu'à une époque assez récente, puisqu'on en trouve dont les uns ont tout-à-fait l'aspect du bois mort, et dont les autres sont encore susceptibles d'être employés dans l'ébénisterie. Ces dépôts prouvent qu'il croissait en Islande dans des temps plus ou moins reculés, des arbres beaucoup plus gros et beaucoup plus grands que ceux qu'on y voit aujourd'hui. Ainsi l'on rencontre encore debout, au milieu de pépérines, des bouleaux de 30 à 40 centimètres de diamètre. Ceux que produit maintenant l'île n'ont pas la moitié de cette grosseur.

Un des phénomènes géologiques les plus curieux de l'Islande est la formation journalière des tufs siliceux que déposent les eaux bouillantes des Geysers et les eaux courantes alimentées en partie par ces volcans d'eau. Des plantes et des mollusques vivent dans ces eaux dont la température est pourtant de + 29 à 30°, et laissent leurs empreintes dans des tufs siliceux qui, tantôt poreux et tantôt compactes, prennent l'aspect des silex meulières des environs de Paris. Ne pourrait-on pas en conclure que ces meulières doivent, comme les tufs siliceux de l'Islande, leur origine à des sources d'eaux minérales chargées de silice, sources qui devaient être très nombreuses sur le sol de notre France, à l'époque où les volcans de l'Auvergne étaient en activité.

IV. — M. Huot, en vous disant que la langue française est employée comme moyen de publicité par les savants étrangers, a cité les annales de l'école des mines de Russie, dont l'empereur vient d'ordonner la traduction en français, parce qu'on lui avait représenté notre langue comme la plus généralement répandue. Il a mis sous les yeux de la société le premier volume de cette publication qui a été imprimé à Paris, et en a extrait quelques documents relatifs à l'organisation du corps des mines et à l'instruction que reçoivent les élèves.

Voici ce qui résulte d'un aperçu qu'il vous a lu sur la richesse minérale de la France à la fin de 1837.

Il existait dans le royaume 1360 usines à fer, présentant un produit de 127 millions de francs;

L'exploitation du plomb, du cuivre, de l'argent, de l'antimoine et du manganèse, ne donnait qu'un produit d'un million;

Celle des mines d'or de la Gardette, près Grenoble, offrait quelque chance de succès;

Un département, celui de la Meurthe, contenait une mine de sel gemme et des sources salées;

La houille était exploitée dans 32 départements et produisait 27 à 28 millions;

Plusieurs départements fournissaient des lignites, des tourbes, de l'alun et du sulfate de fer;

Enfin on rencontrait presque partout des exploitations de pierres, de marnes ou de gypse.

V.—Le succès d'une entreprise sur laquelle était depuis long-temps suspendue l'attention publique a récemment produit une vive sensation; c'est le forage du puits artésien de l'abattoir de Grenelle à Paris. M. Huot vous a tenu au courant de toutes les particularités qui ont marqué cette opération laborieuse:

Les travaux furent commencés au mois de janvier 1834. Après avoir percé le terrain clysmien et une partie de la craie, la sonde était arrivée, au mois de décembre 1836, à la profondeur de 384 mètres et en juin 1839 à celle de 466, sans avoir encore franchi le terrain crétacé. Enfin, le 27 février dernier, elle avait dépassé cette masse épaisse, pénétré dans les sables du grés vert et parcouru une distance de 548 mètres, lorsque l'eau, en jaillissant, couvrit la surface du sol.

Le puits, de forme conique, présente à son extrémité supérieure un diamétre de 55 centimètres et de 18 à son extrémité inférieure. Il fournit plus de 166 mille litres d'eau par heure. Parmi les matières que cette eau entraîne encore avec elle, on remarque beaucoup de grains de corindon. Lorsqu'elle se sera dégagée de ces substances étrangéres, elle aura, suivant M. Pelouze, qui en a fait l'analyse, une très bonne qualité.

On conçoit les difficultés que les ingénieurs ont eues à vaincre dans le cours de ce long travail. La sonde, qui pesait 15,000 kilogrammes, s'est brisée trois fois. Il a fallu la ressaisir à une distance de 500 mètres.

Il a fallu aussi garnir l'intérieur du puits d'un tube, ou pour mieux dire, d'une suite de tubes engrenés les uns dans les autres, et proportionner leur diamètre à l'éloignement du point que l'on supposait devoir atteindre. Ce canal en tôle a cinq fois la hauteur du dôme des Invalides.

A cet exposé des faits, M. Huot a ajouté des conclusions propres à fixer les théories scientifiques.

Ainsi, en s'enfonçant dans l'intérieur de la terre, on s'aperçoit que la température y subit une élévation progressive, et l'on évaluait cet accroissement à un degré centigrade pour 27 mètres sous le sol de Paris; mais on reconnaîtra qu'il est d'un degré pour 32 métres 23 centimètres, si, en tenant compte de la profondeur, l'on compare la température de l'eau obtenue à la température moyenne de l'atmosphère. En effet, l'épaisseur totale des couches traversées est, ainsi que nous l'avons dit, de 548 mètres, et la température de l'eau portée à 28 degrès paraît à M. Huot devoir être fixée à 27° 60′ d'après les observations scrupuleuses de M. Walferdin, membre de la société géologique de France.

Cet accroissement successif, confirmant l'opinion déjà basée sur les phénomènes volcaniques, atteste qu'il existe à une certaine profondeur une chaleur assez forte pour déterminer l'incandescence. Or, en supposant qu'il se manifestera toujours dans la même proportion, on trouvera qu'à 8,405 mètres au-dessous de l'abattoir de Grenelle, la température doit être de + 260 degrés, c'est-à-dire capable de fondre le plomb et de rougir les roches feld-spathiques.

C'est de la couche même où l'on espérait l'atteindre que l'eau s'est élancée. M. Huot est porté à croire qu'elle descend du plateau de Langres et non de la Touraine, et que se dirigeant de l'est vers l'ouest, la même nappe se rencontrerait en Angleterre.

Il a ensuite tracé des instructions relatives au forage des puits artésiens, et a insisté sur la nécessité de se livrer à une étude géologique du terrain avant d'entreprendre une opération de ce genre. A Saint-Ouen, par exemple, dont la position est plus élevée que celle de l'abattoir de Grenelle, il a suffi que la sonde traversât une épaisseur d'environ 66 mètres pour trouver dans les couches glauconieuses du calcaire grossier, une eau suffisamment ascendante. Mais à Versailles, qui est situé sur un niveau bien supérieur à celui de Saint-Ouen, ni les eaux du calcaire grossier, ni celles des sables verts, ne pourraient monter à la surface du sol, et il faudrait pour réussir, prolonger le forage jusqu'à la formation bien inférieure du lias. Aussi le puits artésien de Saint-Ouen a-t-il occasionné une dépense bien moins considérable que celle du nouveau puits, qui a coûté 213 mille francs à la ville de Paris. Exécutée à Versailles, une pareille entreprise nécessiterait des frais énormes.

Au commencement de notre ère, vous a dit encore M. Huot, on a percé, dans les oasis de l'Egypte, des puits artésiens dont les restes ont été découverts par les ingénieurs français au service de Méhémet-Ali. C'est en bois qu'ils étaient doublés, ce qui prouve qu'il existait autrefois beaucoup d'arbres dans cette contrée où il n'en croît presque plus aujourd'hui. J'avais autrefois lu dans les journaux scientifiques et j'ai ajouté que la grande oasis de Thèbes et celle du Garbe étaient criblées de puits qui sont en partie comblés, mais dont quelques-uns déblayés et nettoyés par les soins de M. Aim, gouverneur des oasis, ont donné de l'eau ascendante jusqu'à la surface du sol.

J'ai ensuite eu l'honneur de vous signaler l'existence d'un puits artésien que l'on avait foré à Burswill (Kentucki) pour obtenir de l'eau salée et d'où il n'est sorti durant plusieurs jours que de l'huile de naphte qui montait à 4 mètres au-dessus du sol. Ce puits présente de temps en temps le même phénomène qu'accompagne toujours un bruit souterrain. Sa dernière émission a eu lieu le 4 juillet 1840, et a continué pendant environ 6 semaines.

Enfin M. Petit, correspondant de la Société, à Corbeil, lui a envoyé une note qui contenait des renseignements détaillés sur un puits artésien, nouvellement foré à Chantemerle (commune d'Essonnes), dans la propriété de M. Féray.

VI. — Ayant visité, au mois de septembre 1840, les montagnes des environs de Grenoble avec la Société géologique de France, M. Huot vous a rapporté treize échantillons recueillis dans ses courses, et quelques renseignements sur les montagnes en question. Long-temps on a cru le calcaire qui les constitue, le même que celui du Jura et des Alpes; mais il est plus récent, puisqu'il appartient à la formation néocomienne et par conséquent à la partie inférieure du terrain crétacé. Ce calcaire, qui a une teinte jaune à Neufchâtel, où il sert de type, est de différentes couleurs auprès de Grenoble. M. Huot y a trouvé du bitume, substance qui n'avait pas encore été rencontrée dans la formation. Les célèbres grottes de Sassenage et la vallée de la Grande-Chartreuse sont dues à des déchirements opérés dans les roches du calcaire néocomien.

Ses autres communications ont eu pour objet :

1.° La méthode employée par M. l'abbé Paramelle, pour découvrir les sources;

2.° L'idée générale et les applications de la carte géologique de l'Europe, que M. Huot venait de publier et d'offrir à la Société;

3.° L'élévation de certaines parties des côtes qui bordent la mer Baltique et l'abaissement simultané de la côte sud-ouest du Groënland;

4.° La chute du Niagara. Les journaux, après avoir annoncé qu'elle n'existait plus, avaient ensuite démenti cette nouvelle avec le langage de la raillerie. Le fait pourtant, vous a dit votre collègue, ne peut manquer de se réaliser un jour. En effet, les eaux, en se précipitant de la couche la plus élevée, creusent les couches inférieures. Les premières restent donc en saillie au-dessus des autres, finissent par s'ébouler, et peu à peu transforment l'escarpement en pente. C'est ainsi que la cataracte s'éloigne insensiblement du lac Erié, et que depuis cinquante ans, l'espace qui existait entre elle et ce lac s'est étendu de 4 ou 5 myriamètres;

5.° Le tremblement de terre de la Valachie et le débordement du Danube, qui au commencement de l'année 1838, a été si funeste à la ville de Pesth;

6.° Le voyage de M. Boué en Turquie;

7.° L'examen comparatif des terrains situés au sud de la Loire et de ceux du bassin de Paris. Les premiers présentent un étage dont les seconds n'offrent point de corrélatif;

8.° La superposition de la craie, de l'argile plastique, du calcaire grossier et du gypse dans le bassin de Paris, et les opinions émises à ce sujet par MM. Dufresnoy, Deshais et Elie de Beaumont;

9.° Deux mémoires envoyés à la Société par son correspondant, M. Lecoq, et relatifs l'un aux petits lacs des terrains basaltiques de l'Auvergne, l'autre à des fossiles marins découverts sur le sol de cette ancienne province;

10.° Les excursions faites en 1836, par la Société géologique de France, dans les environs d'Autun;

11.° Les falaises de la Normandie;

12.° La découverte que M. le duc de Luynes a faite d'un grés cobaltifère à Orsay (Seine-et-Oise). M. Huot vous en a donné plusieurs échantillons, en vous faisant remarquer que la masse d'où ils avaient été tirés ne subsisterait sans doute plus dans quelque temps;

13.° Enfin les découvertes plus ou moins récentes de fossiles nouveaux.

On a tiré de celles qui ont été faites dans plusieurs parties de l'Amérique des conclusions intéressantes. D'abord elles ont confirmé la loi qui rapporte les espéces détruites aux espéces vivant encore sur le même continent. Ensuite elles prouvent qu'avant le dernier cataclysme, le cheval existait en Amérique, où il était inconnu quand les Européens la découvrirent.

D'autres fossiles ont servi à caractériser deux nouveaux

genres de mammifères antédiluviens, le Sivatherium et le Dinotherium. Les dépouilles du Sivatherium étaient ensevelies sous les stalactites d'une caverne des monts Himalaya, et par conséquent dans un des dépôts du terrain clysmien. Ce mammifère paraît destiné à remplir la lacune signalée par Cuvier dans le tableau du règne animal entre les pachydermes et les ruminants. Il est remarquable par le développement prodigieux de la partie postérieure de son crâne, par les prolongements osseux de son front et par la forme de son nez. Les restes du Dinotherium ont été trouvés dans la Bavière et dans la Hesse-Electorale, et ont appartenu à deux espèces différentes. Parmi ces restes, se trouve une tête de deux mètres de longueur.

Le genre Chameau n'avait pas encore été reconnu à l'état fossile. Des débris en ont été rencontrés dans l'Hindoustan.

Mais de toutes ces découvertes, la plus importante est certainement celle qu'a faite M. Lartet d'une mâchoire de quadrumane. Auparavant l'on croyait, sans pouvoir l'affirmer, avoir trouvé des ossements de singe dans les brèches osseuses des bords de la Méditerranée, c'est-à-dire dans le terrain clysmien. Mais c'est dans des dépôts plus anciens, c'est dans l'étage supérieur du terrain supercrétacé que gisaient les débris signalés par M. Lartet, et cette circonstance tout-à-fait unique, rend sa découverte fort remarquable.

VII.—Vous devez en outre à M. l'abbé Hacquard, l'analyse du nouveau Manuel de Géologie que venait de publier M. Huot;

A M. Félix Duchasseint, un de vos correspondants, un aperçu géologique sur les environs de Lezoux (Puy-de-Dôme);

A un autre de vos correspondants, M. de Gerville, des idées générales sur la géologie de l'ancienne Normandie;

A M. Sandras, une description des ardoisières de Rimont et de Fumay (Ardennes);

A M. Hyppolite Blondel un rapport fait au nom d'une commission que vous aviez chargée d'examiner des fragments de marbre donnés par M. Haracque et extraits des carrières de Bonny-sur-Loire;

A M. le docteur Bordier, des renseignements sur le gisement du platine dans les monts Ourals, sur l'exploitation de ce métal, et sur les lavages successifs qu'on lui fait subir pour le dégager des sables auxquels il est mêlé. Parmi les échantillons que M. Bordier avait rapportés de Russie, et qui représentaient le platine sous ces différents aspects, il vous a fait remarquer cette substance à l'état de cristallisation;

A M. Bouchitté, des documents qu'il avait tirés des anciens historiens français et qui confirment la théorie géologique relative à la diminution successive des cours d'eau.

Les documents particuliers au département de Seine-et-Oise sont :

1.° Un passage d'une chronique latine qui, dans le récit d'une bataille livrée entre Thierry et Clotaire à Étampes, désigne le Loat comme une rivière considérable;

2.° Un passage des annales de saint Bertin qui rapporte que les Normands remontèrent la rivière d'Yéres; or, cette rivière n'est plus navigable aujourd'hui;

3.° Un fait énoncé par l'abbé Lebœuf. Les religieuses qui habitaient dans la vallée de Bièvre furent transportées au Val-de-Grâce à Paris, parce que de fréquentes inondations de la Bièvre leur rendaient très pénible le séjour de leur premier couvent.

La Seine, dont la navigation est aujourd'hui si difficile qu'on entretient le projet de la canaliser, fut, ajoutait M. Bouchitté, trés fréquemment remontée par les Normands pendant le VIII.e siécle.

VIII.—Une compagnie s'était formée il y a quelques années pour renouveler des tentatives dont l'expérience aurait dû lui démontrer l'inutilité. Elle se proposait d'ouvrir des mines de houille dans les environs de Paris, et avait choisi une des communes de notre département pour le siége de ses opérations. Il y avait ici pour vous une triple tâche à remplir. Il s'agissait à la fois de défendre les régles de la science, d'éclairer l'industrie compromise, et de protéger des intérêts qui allaient être si légérement sacrifiés. M. Huot, s'appuyant sur la théorie et sur l'exemple, prouva d'abord que la prétendue houille ne pouvait être que du lignite. Une Commission fut ensuite envoyée sur le lieu de l'exploitation, et chargea M. Lacroix d'exprimer son opinion dans un rapport où la question était consciencieusement discutée. Sous les assises inférieures du calcaire grossier, apparaissait l'argile plastique avec ses sables à gros grains et des veines peu épaisses de lignite. C'étaient ces affleurements de lignite qu'on avait pris pour des indices de houille, quoiqu'ils n'eussent pas le moindre rapport avec la formation houillière. Le lignite est à la vérité un combustible; mais un combustible d'une qualité trés médiocre, et son extraction ne saurait être avantageuse qu'en ne nécessitant point d'ouvrages dispendieux, tels que puits, galeries souterraines, etc. Or, outre des tranchées, une galerie avait été commencée et se continuait dans les couches de l'argile plastique, sous les bancs du calcaire grossier, sans que l'on rencontrât autre chose que des veines de 5 à 10 centimètres d'épaisseur.

Bien plus, deux sondages avaient été entrepris, non dans l'argile plastique ni dans le calcaire grossier qui la domine, mais dans la formation inférieure, c'est-à-dire dans la craie. L'un, poussé jusqu'à 25 mètres, avait été abandonné après la rupture des tiges ; l'autre avait atteint la profondeur de 13 mètres et paraissait devoir être poursuivi. Qu'espérait-on rencontrer avec ces sondages ? le lignite ? Mais c'est dans l'argile plastique seule qu'on aurait dû le chercher. La houille ? mais pour l'atteindre, il fallait percer la masse de craie et beaucoup d'autres formations. Or, sans parler de celles-ci, la formation crayeuse est tellement épaisse, qu'à Paris le forage du puits artésien était alors descendu jusqu'à 366 mètres sans l'avoir dépassée.

Quelque temps après, M. Héricart de Thury fit paraître dans le *Moniteur* l'historique des essais qui avaient été jusqu'alors entrepris dans les environs de Paris pour la découverte des mines de houille et qui tous étaient demeurés sans succès Je tirai de ce travail un exposé des recherches effectuées dans Seine-et-Oise, et j'eus l'honneur de vous le communiquer.

Cependant la Compagnie avait commencé de nouvelles fouilles sur d'autres points du département. Son directeur était allé trouver le président de votre section de géologie, M. Huot, et lui avait remis un prospectus où les théories de la science étaient vivement attaquées. L'événement n'en justifia pas moins les prévisions de vos collègues ; car le projet fut totalement abandonné quelque temps après.

IX.—Mais, de toutes les sciences qui vous occupent, la géologie est celle qui a le plus souvent cherché dans le département des sujets d'étude et d'observation, et le plus souvent tenté de justifier le titre que votre Société s'est attribué. Chaque année, la saison des courses géologiques nous a laissé quelques lumières sur des localités jusqu'alors peu connues, et sur des faits incertains ou inexacts.

Je citerai d'abord l'excursion qui fut faite en 1836 dans le but d'étudier les grès dits de Beauchamp. De la commune de Montigny, où ils reçoivent le nom d'une des carrières que l'on exploite, ces grès, suivant la carte géologique de M. Alex. Bronguiart, ne se prolongeraient pas au-delà de Pierrelaye. Vous avez cependant constaté qu'ils s'étendaient jusqu'à la rive gauche de l'Oise et se montraient même encore sur la rive droite. Car à Valmondois, ils acquièrent une telle puissance, que M. Huot proposait de changer leur dénomination et de les appeler grès de Valmondois.

Nous avons, M. Lacroix, M. Blondel et moi, reconnu les sables de la même formation sur un point opposé du département, entre Etampes et Etrechy, où l'on ne soupçonnait point leur présence.

La Dolomie devant, suivant M. Elie de Beaumont, se rencontrer dans les environs de Beynes, y fut cherchée et trouvée par vos trois collègues. La roche qu'elle constituait appartenait à la formation crétacée. Plus tard M. Lacroix la découvrit encore à Mantes. Il fit l'analyse chimique des fragments qu'il avait rapportés de ces deux localités et en déposa plusieurs dans vos collections. Un pharmacien auquel il en remit, en obtint un sulfate de magnésie qui figura en 1839 à l'exposition des produits de l'industrie.

Les travaux qu'a occasionnés l'établissement de nos chemins de fer, en ouvrant sur des lignes continues des tranchées souvent profondes, ont à la fois facilité les études d'ensemble et les observations locales. Ils ont fourni à MM. Huot et Lacroix le sujet de plusieurs communications.

M. l'abbé Hacquard vous a entretenus de la course géologique qui avait eu lieu le 7 juillet 1839, et dans laquelle le calcaire grossier, les marnes vertes, les sables marins et les meulières supérieures ont été soigneusement visités à Trianon, à Galy et à Saint-Cyr.

J'ai eu l'honneur de vous donner des détails sur la constitution de la vallée de l'Yères, qui me paraît mériter d'être attentivement examinée.

Aux excursions géologiques se rattachent les recherches qui ont été faites en 1839, auprès du grand canal de Versailles. Le sol dans lequel ce canal a été creusé n'avait pas encore été livré aux investigations des géologues, et il y avait tout lieu de croire qu'il méritait leur attention. Une autorisation sollicitée et obtenue de M. l'intendant-général de la liste civile, et les bons offices de nos deux collègues MM. Chambellant et Jourdain, régisseur des domaines et inspecteur des forêts de la couronne, vous ont mis à même d'y pratiquer des fouilles. Elles ont été faites entre le canal et le parc, sur le bord de l'avenue qui conduit à la Ménagerie, et M. Hippolyte Blondel, en sa qualité d'architecte, s'est chargé de les diriger. Une excavation de deux mètres de profondeur, de deux mètres de longueur et d'un mètre de largeur environ a laissé voir : 1.° la terre végétale ; 2.° des marnes blanches renfermant des blocs de pierres qui prouveraient que le terrain n'est pas vierge, des coquilles brisées, et entre autres de petites huîtres ; 3.° une marne bleuâtre non coquillière avec des couches de calcaire également bleuâtre. Ce calcaire qui n'avait jamais été vu par M. Huot dans les environs de Paris, avait été observé par M. Lacroix à Clagny. Les travaux n'ont pas dépassé la marne bleuâtre dans laquelle on a rencontré l'eau au-dessous du niveau de celle du canal.

X. — La position géographique du département de la Seine rend son étude inséparable de celle du département de Seine-et-Oise, dans lequel il a été si bizarrement enclavé et qui l'enveloppe comme une large ceinture. Les travaux qu'on y exécute pour les fortifications de Paris, ont donné cette année la facilité d'explorer géologiquement le bois de Boulogne (commune d'Auteuil), les prés Saint-Gervais et le Mont-Valérien (commune de Suresne).

[1] On annonçait avoir reconnu dans le bois de Boulogne le calcaire pisolithique qui est supérieur à la craie et inférieur à l'argile plastique, et qu'on avait déjà rencontré à Meudon, à Marly, au Bordhaut de Vigny et dans dix-sept carrières de Montereau. Mais, soit que le gisement de ce calcaire dans le bois de Boulogne eût été mal indiqué, soit qu'il y fût très peu apparent, vos collègues ne l'ont point reconnu, bien qu'ils aient pu suivre le passage du terrain elysmien aux assises inférieures du calcaire grossier, à l'argile plastique, à ses sables et à ses grès, ainsi qu'à la craie. Les silex de la craie, dans cette localité, sont remarquables par leur volume et par les nombreux oursins et autres fossiles qu'ils renferment.

Aux prés Saint-Gervais, les fouilles opérées par le génie militaire, montrent immédiatement au-dessous de la terre végétale : 1.° les deux bancs d'huîtres supérieurs à la formation gypseuse; 2.° les marnes à cythérées, à ampullaires, etc.; 3.° plusieurs bancs de calcaire silicieux, renfermant des silex calcédonieux et géodiques diversement colorés et tout-à-fait analogues à ceux de Cham-

[1] Communication de M. Huot.

pigny; 4.° les marnes vertes. Au-dessus des bancs d'huîtres, se trouvent des ossements de lamantins. M. Huot explique l'alternance des produits marins et lacustres de cette coupe par les atterrissements que peuvent produire tour à tour à l'embouchure d'un fleuve, les eaux de ce fleuve et celles de la mer.

[1] Le Mont-Valérien est une colline gypseuse comme celles de Belleville et de Montmartre; mais le gypse y a moins de puissance. En effet, l'épaisseur de cette formation, qui est de 50 mètres à Montmartre, se réduit ici à 10 mètres et quelquefois même à moins. Ce n'est donc qu'un dépôt accidentel dont les bords s'amincissent. Le sommet du Mont-Valérien est à 130 mètres au-dessus du niveau de la Seine, pris au zéro de l'échelle du pont de la Tournelle. Cette hauteur se divise ainsi :

Meulières peu développées;	
Sable	58 mètres.
Marnes vertes	15
Gypse (une seule masse)	10
Calcaire siliceux, grès de Beauchamp et calcaire grossier	25
Argile plastique	5
Craie jusqu'au niveau de la Seine	32

Enfin dépôts de cailloux roulés appuyés sur la craie au bord de la Seine.

XI. — Votre section de géologie et de minéralogie, dans ses séances particulières, met à l'ordre du jour des questions qu'elle discute dans la séance suivante et qui ont toujours un intérêt départemental. Ainsi, l'on avait soutenu, dans une réunion de la Société géologique de

[1] Communication de M. Huot.

France, que les meulières supérieures ne renfermaient aucun fossile terrestre. Pourtant trois membres de cette Société, MM. Huot, Michelin et Raulin, disaient avoir trouvé des hélices à Saint-Cyr, à Vauhallant et à ***. La section proposa d'en chercher d'autres, et je fus assez heureux pour rencontrer, sur la commune des Ménuls, une masse qui en était remplie. J'en ai rapporté de nombreux échantillons dont deux figurent dans vos collections.

M. Huot a trouvé dans les meulières de Buc, des graines de *Nymphæa Arethuse.* Ce fossile, très rare dans cette formation, est celui auquel M. Alex. Brongniart a donné à tort le nom de *Carpolithes Ovatum.*

Enfin, les notes qui doivent servir de matériaux à l'histoire géologique et minéralogique du département, s'accumulent entre mes mains, et s'il est rarement question de ce travail dans vos séances ordinaires, je puis vous assurer, Messieurs, comme secrétaire de la section, qu'il se poursuit avec zèle, et que sa marche, pour être silencieuse, n'en est pas moins incessante.

XII. — A la Géologie qui nous apprend l'histoire du globe terrestre, se lie la géographie physique qui en décrit l'aspect extérieur, en expose les phénomènes les plus évidents et en range les productions naturelles dans un ordre conforme à leur distribution géographique. M. Huot avait promis, sur cette partie de la science, un cours dont sa mauvaise santé ne lui a permis de vous donner que la première leçon.

Il me reste à mentionner :

La notice que vous a lue M. de Ménil-Durand sur la végétation de la Normandie, mise en rapport avec la géologie et la géographie physique de cette ancienne province ;

La description que vous a donnée M. Berger, de la grotte de la Balme (Isère), après un voyage pendant lequel il avait eu l'occasion de la visiter;

La lecture que vous a faite M. le docteur Balzac, d'une lettre qu'il avait reçue de l'Algérie, et qui contenait des détails sur l'histoire naturelle de cette colonie;

Les documents empruntés par M. l'abbé Caron, à une communication faite à la Société géographique de Londres sur la vallée de Buon-Upas dans l'île de Java;

Enfin des renseignements sur le lac Asphaltite. — M. Philippar les tenait de M. le marquis de Lescalopier, votre correspondant, qui les avait rapportés de ses voyages.

Deuxième Partie.

BOTANIQUE, CULTURE.

I. — Deux cours d'Organographie et de Physiologie végétale vous ont été successivement proposés par MM. Philippar et Leduc, et n'ont été que commencés. Vous avez prié M. Leduc de substituer au second un cours d'Entomologie dont le besoin se faisait vivement sentir.

Vous n'avez eu également que les premières leçons d'un cours de Botanique et d'un cours de Culture entrepris tous les deux par M. Philippar. Mais il vous a donné une série complète de communications sur la taille des arbres fruitiers, et beaucoup d'entre nous ont assidûment suivi son cours public et annuel de Botanique. Il vous a d'ailleurs tenus au courant de toutes les observations qu'il avait été à même de faire tant au Jardin des Plantes qu'il dirige, qu'à celui de l'Ecole normale primaire et à l'Institut royal agronomique de Grignon, établissements dans lesquels il remplit les fonctions de professeur.

Au reste, si cette branche des sciences naturelles a manqué dans vos séances d'un enseignement méthodique et régulier, vous en avez été dédommagés, Messieurs, par l'abondance et la variété des communications.

Je rappellerai d'abord les expériences de MM. Edwards et Colin.

Ils avaient, avant la lecture du dernier compte-rendu, examiné l'influence de la chaleur sur la végétation. Des faits divers sont encore venus confirmer les idées qu'ils avaient émises. Ils vous ont fait voir un faisceau de brins de seigle qui, semés en juin, coupés deux fois et abandonnés à leur développement naturel pendant le second été, avaient atteint 2 mètres 10 centimètres de hauteur.

Poursuivant le cours de leurs expériences, ils ont étudié les effets de la vapeur d'eau sur la germination et ont lu à l'Académie des sciences trois mémoires sur ce sujet.

Voici leurs conclusions :

1.° Les blés d'hiver et de printemps, l'orge, l'avoine, le seigle et le maïs germent, quand on les suspend dans un vase clos où une couche d'eau porte constamment l'air à une extrême humidité ; mais la germination y est huit fois moins rapide qu'elle ne le serait si les graines flottaient sur l'eau à l'air libre, c'est-à-dire si elles étaient moitié dans l'air, moitié dans l'eau ;

2.° Lorsqu'on place cinq grains de blé en expérience dans des vases de deux litres, la graine absorbe la vapeur d'eau assez vite pour que l'air contenu dans les vases ne puisse se maintenir au maximum d'humidité, et par suite pour que la germination ne puisse s'y effectuer. Cependant elle continue à s'opérer, lorsqu'on met ces mêmes vases à la cave où la température du jour ne peut faire varier le point d'humidité extrême. Ce double fait s'explique ainsi : quand la température s'élève, l'air a besoin d'une nouvelle émission de vapeurs pour rester saturé d'humidité, et il lui faut, si le vase est grand, un temps considérable pour atteindre le point de saturation, tandis que la température constante d'une cave lui conserve l'humidité dont il est déjà saturé. Alors l'action seule de la graine qui absorbe la quantité de vapeur dont elle a besoin, détermine une émission nouvelle aux dépens de l'eau liquide que renferme le bocal;

3.° Un espace entièrement ou presque entièrement saturé de vapeurs, étant une des conditions indispensables à la germination dans l'air humide (lors même que les graines contiennent une quantité d'eau au moins suffisante), on doit en conclure que la membrane extérieure ne fonctionne bien que dans un air saturé ou à peu près saturé de vapeur d'eau;

4.° Dans un air ainsi saturé, les terres retardent la germination des graines qu'elles enveloppent; le sable siliceux fort peu, parce que son poids ne s'accroît que très faiblement aux dépens de l'humidité de l'air; l'argile, beaucoup plus, parce que l'accroissement ne cesse qu'après des semaines entières;

5.° Si la graine est en contact avec de l'eau liquide, il n'est plus indispensable que l'espace soit saturé de vapeur d'eau;

6.° L'influence de l'humidité extrême s'étend sur toutes les périodes de la végétation. Les auteurs s'en sont assurés en expérimentant sur des fèves, des haricots, des pois, des maïs, dont les uns étaient livrés aux fluctuations de l'air extérieur, et les autres contenus dans une cloche où l'air était fortement humecté. Un milieu très humide convient aux végétaux qui croissent et mûrissent dans les serres. Dans l'île de Cuba, où la végétation est si belle, M. Ramon de la Sagra s'est assuré, qu'au lever du soleil, l'air est à l'humidité extrême, et que dans la journée il s'en écarte seulement de 15 degrés, terme moyen (le maximum d'humidité étant exprimé par 100).

L'on a objecté que des fruits tenant à l'arbre se moisissaient en vase clos, si l'on ne s'emparait, à l'aide d'un corps hygrométrique, de l'humidité développée dans le vase. Mais ce cas est anormal ; car alors c'est le fruit seul et non le végétal entier qui est soumis à l'action de l'humidité extrême, et d'ailleurs quel être vivant serait à l'aise au milieu de ses excrétions ?

Les recherches de MM. Edwards et Colin se sont ensuite portées sur un des faits les plus importants de la physiologie végétale. Jusqu'ici, dans la respiration de la graine, l'on n'avait reconnu d'autre phénomène que le dégagement d'acide carbonique, et on l'expliquait par la combinaison de l'oxigène de l'air avec le carbone de la semence. Mais en reconnaissant à l'atmosphère une action si puissante sur cette fonction de la vie végétale, quel rôle laissait-on à l'eau ? Sa présence, qui est une des conditions indispensables au développement de la plante, se bornerait-elle à le préparer et à le faciliter ?

Telle est la question que MM. Edwards et Colin se sont proposé de résoudre. Ils l'ont traitée dans un mémoire dont vous avez voté l'impression et dont la lecture doit mettre bien mieux qu'une analyse rapide, à portée d'apprécier leurs expériences et les conséquences qu'ils en ont tirées.

Ces conclusions ont été confirmées par une lettre qui a été écrite à l'Académie des sciences et qui se résumait ainsi : Deux Légumineuses, une Polygonée, une Liliacée et une Graminée, toutes choisies parmi les plantes non aquatiques, ont germé, poussé dans l'eau, y sont venues à graines, et ces graines à maturité.

Enfin M. Colin vous a parlé des recherches auxquelles M. Boussingaut s'était aussi livré. Ce savant avait cherché à évaluer les quantités d'air et d'eau absorbées par une plante, et l'influence des engrais sur la végétation. Plusieurs de ses conclusions s'accordaient avec celles de MM. Edwards et Colin; mais parmi les résultats obtenus de part et d'autre, quelques-uns n'étaient pas pas tout-à-fait semblables.

II. — Je vais maintenant passer en revue les sujets qui ont été traités par M. l'abbé Caron.

Il vous a lu différents mémoires ou s'est livré à des considérations verbales :

Sur la durée de la faculté germinative de certaines semences et sur les preuves que l'on pourrait tirer d'un ognon trouvé dans la main d'une momie Egyptienne et déposé ensuite dans un sol convenable où il se serait développé ;

Sur les rapports qui existent entre les couleurs et les odeurs des fleurs, selon les différentes espèces ;

Sur la Physiologie, la Culture et les produits du Colza ;

Sur l'Ergot du Seigle ;

Sur divers genres ou espèces ; tels sont :

Le genre *Chara*. Il vous a fait connaître les expériences de MM. Amici et Dutrochet ;

Le genre *Mimosa* ;

Le genre *Lycoperdon*, et en particulier un Lycoperdon Bovista dont il venait de faire hommage à la Société, et dont la plus petite circonférence est d'un mètre, et la plus grande d'un mètre 12 centimètres ;

L'Indigotier (*Indigotifera*);

Le *Sagus Farinifera*, palmier dont on retire le Sagou ;

Le Sablier (*Hura crepitans*);

Le *Galactodendron Utile*, cet arbre précieux connu dans l'Amérique Méridionale sous le nom d'Arbre-à-Vache, et qui contient un lait nourrissant et savoureux.

Je pourrai vous donner une idée moins incomplète de ses autres communications.

On avait déjà reconnu que la température intérieure des arbres est supérieure à celle de l'air ambiant, lorsque des expériences exécutées par plusieurs physiciens sur différents points du globe, les portèrent à conclure que la température des plantes est plus élevée dans la saison froide, et moins élevée dans la saison chaude que celle de l'atmosphère.

M. de Candolle, admettant le fait, l'attribue à l'eau qui, aspirée de la terre par les racines, communique au tronc dans lequel elle s'élève, la température qu'elle a puisée dans le sol, et qui est en hiver plus haute, en été plus basse que celle de l'air. Il appuie cette explication sur des faits empruntés à la théorie de la conductibilité de la chaleur et aux connaissances acquises sur l'ascension de la séve. Il ne serait donc pas nécessaire, suivant lui, d'admettre dans les végétaux une chaleur vitale analogue à celle des animaux à sang chaud.

Mais de nouvelles expériences ont été entreprises par M. Dutrochet. A l'aide du Galvanomètre dont les pôles étaient plongés l'un, dans l'intérieur d'une branche séparée du tronc, l'autre dans le tronc auquel la branche avait été enlevée, il a trouvé que tous les végétaux ont une chaleur propre, supérieure même en été, à celle du milieu qui les entoure. Il en conclut que cette chaleur ne peut être, comme celle des animaux, que le produit de l'action vitale, et en particulier peut-être de la respiration.

De plus, il a remarqué que cette chaleur interne varie dans la plupart des végétaux, et qu'elle a son maximum d'élévation à certaines heures de la journée, qui ne sont pas à beaucoup prés les mêmes pour toutes les plantes.

Enfin, il se croit autorisé à penser que la lumière a la plus grande influence sur le développement de la chaleur dans les végétaux. Il a, en effet, reconnu que l'obscurité fait baisser la température au bout d'un certain temps.

Ainsi, les conclusions de M. Dutrochet sont bien contraires à celles de M. de Candolle et à l'assertion des premiers expérimentateurs. Ceux-ci pourtant ont varié leurs expériences avec autant d'art que de précaution; leur sagacité ne saurait être révoquée en doute, et leurs instruments étaient excellents. M. l'abbé Caron ne croit donc pas la question entièrement résolue.

Aprés avoir signalé les expériences de M. Dutrochet aux Naturalistes, il a appelé le jugement des Physiologistes sur l'observation de M. Donné. Le corps d'un animal, aprés la mort, conserve encore des sources de chaleur qui diminuent peu à peu. M. Donné pense qu'il en peut être de même d'une branche séparée du tronc; que la vie d'ensemble peut s'éteindre immédiatement en elle; mais qu'il y reste une vie de détail, une source de chaleur qui ne cesse qu'aprés un certain temps.

Aprés la lecture de cette notice, M. Colin a fait remarquer que M. Dutrochet ne s'étant pas placé dans les mêmes circonstances que ses devanciers, ne pouvait manquer d'obtenir des résultats différents. M. le docteur Edwards a ajouté qu'en opérant sous un globe de verre, il a nécessairement supprimé l'évaporation de la plante.

Des détails donnés par M. Belin sur la préparation de la Phloridzine, avaient provoqué une discussion sur les moyens de multiplier par la greffe les arbres dont on avait cherché à extraire cette substance. M. l'abbé Caron ayant conclu des assertions émises par divers membres que la théorie de la greffe n'était pas généralement comprise, crut utile de l'exposer. Il s'attacha à démontrer que l'union, pour être complète, doit avoir lieu entre les deux aubiers et subsidiairement entre les deux libers; qu'elle exige, pour s'opérer une analogie à la fois anatomique et physiologique ; anatomique, parce qu'il doit y avoir rapport entre les systèmes vasculaire et cellulaire de l'une et de l'autre plante; physiologique, car il est nécessaire que la séve soit dans le même temps en activité chez les deux individus et que leur bois présente la même consistance.

Il est un point sur lequel il a notamment insisté, c'est que l'opération bien faite ne produit aucune modification dans le sujet, c'est-à-dire dans le végétal qui sert de support à l'autre, bien qu'elle en apporte dans celui-ci. Ainsi si le sujet est un pommier, la racine continuera à être celle d'un pommier, quelle que soit l'espèce transportée, et à contenir de la Phloridzine, puisque la racine du pommier en contient.

L'extrait d'un mémoire de M. Pépin, chef de l'école botanique au Muséum d'Histoire Naturelle de Paris, lui a encore fourni la matière d'une notice sur les moyens de convertir les plantes annuelles en plantes vivaces et ligneuses.

On sait que les moyens employés en horticulture pour opérer cette transformation, sont 1.° d'empêcher les graines de se former; 2.° de greffer l'espèce annuelle sur une espèce vivace. Ces procédés, M. l'abbé Caron en a exposé la théorie et les effets. Mais M. Pepin en a trouvé un troisième, c'est de greffer une espèce vivace sur une espèce annuelle.

Ainsi, dans l'espoir de faire produire des fleurs à la patate (*Convolvulus batatas*) qui fleurit rarement, il la greffa sur le liseron rouge (*Ipomœa purpurea*). Son attente ne se réalisa point; mais il vit éclore un phénomène sur lequel il était loin de compter.

La deuxième plante, d'annuelle qu'elle était, est devenue vivace, et trois ans s'étaient déjà écoulés depuis qu'elle avait pris cet état.

Ce fait est certainement d'un grand intérêt pour la physiologie végétale. Malheureusement il est unique et, par conséquent, on n'en peut tirer aucune conclusion précise. Il serait à souhaiter que ces expériences fussent renouvelées sur plusieurs espèces, et entre autres sur celles dont la floraison serait immanquable. Il est probable que, dans ce dernier cas, le développement des fleurs et des graines sur la greffe de l'espèce vivace, ferait périr, par l'épuisement de la sève, le sujet qui par sa nature est annuel.

Cette opinion, si elle était fondée, confirmerait celle de M. Alphonse de Candolle, qui pense que dans l'expérience de M. Pepin, le liseron rouge est devenu vivace, parce que la patate, greffée sur lui, n'ayant donné ni fleurs ni graines, n'a pu épuiser le sujet de ses sucs nourriciers, et que celui-ci a été transformé en plante vivace, comme il l'aurait été si on l'avait empêché de fleurir sans le greffer.

Supposons donc que l'on greffât sur des plantes annuelles, 1.° des espèces vivaces qui seraient susceptibles de fleurir dans l'année; 2.° des espèces également vivaces qui ne donneraient pas de fleurs. Si, dans le premier cas, les végétaux qui servent de sujets venaient à périr, et que, dans le second, ils devinssent vivaces, on aurait prouvé d'une manière incontestable ce que plusieurs botanistes ont avancé, savoir que c'est la production des graines qui tue les plantes annuelles et bisannuelles, et qu'il n'y aurait, dans le règne végétal, que des plantes vivaces et ligneuses, si, dans un grand nombre d'espèces, la formation et la maturation des graines n'absorbaient tous les sucs nourriciers.

Un opuscule intitulé : *Correspondance d'Orient ; de l'Horticulture en Égypte*, vous avait été envoyé par son auteur, M. Raffeneau Delile, un de vos correspondants, et a été l'objet d'un rapport que vous a fait M. l'abbé Caron. M. Raffeneau Delile avait fait partie de la Commission des sciences et arts d'Égypte, et avait dirigé le jardin d'agriculture fondé au Caire par les Français. Aujourd'hui directeur du Jardin des Plantes à la faculté de médecine de Montpellier, il entretient des relations suivies avec M. Husson, professeur de botanique au jardin de Choubrah, près le Caire, lui envoie souvent des graines et des plantes, et en a reçu dernièrement une lettre qui contient des détails sur les essais auxquels ces envois ont donné lieu. Parmi les plantes qui sont ainsi passées de l'établissement de Montpellier dans celui de Choubrah, et dont la culture a réussi en Égypte, M. l'abbé Caron a cité le *Casuarina*, arbre originaire de la Nouvelle-Hollande et du midi de l'Inde. Son bois sert à faire de petits meubles et des navires, et la marine française a possédé une goélette qui en était construite, et que l'on appelait par cette raison *Casuarina* ; le *Gingko biloba*, originaire de la Chine et du Japon, autre arbre dont le bois est propre aux constructions civiles et maritimes, et dont le fruit procure une huile que l'on extrait de sa pulpe, et une amande très bonne à manger. Un membre de la commission décennale que le gouvernement russe envoya à Pékin, y a vu un Gingko dont la circonférence était de

13 mètres et la hauteur proportionnée à sa grosseur. Cet arbre est dioïque. De Genève, où il existait un Gingko femelle, des greffes ont été apportées à Montpellier, y ont été entées sur un pied mâle, et ont fructifié. Nos plantes fourragères s'acclimatent fort bien en Égypte, où ce genre de produits manquait presque entièrement. Il en est de même de la navette et du colza.

Un grand nombre de plantes ont la propriété de rendre l'eau savonneuse. De ces plantes, la plus commune et la plus anciennement connue, est la Saponaire (*Saponaria officinalis*) qui peut servir à blanchir les dentelles et à décreuser la soie, mais qui n'enlève point les taches du linge.

L'arbre aux Savonnettes ou Savonnier mousseux (*Sapindus Saponaria*) croît aux Antilles et sur les bords du fleuve des Amazones. Ses fruits et ses racines sont employés, dans les Antilles, à laver le linge, que leur usage trop fréquent finirait du reste par brûler.

La racine du *Gypsophila Struthium*, connue sous le nom de *Racine à laver du Levant*, offre les mêmes avantages que le savon; aussi cette plante herbacée est-elle cultivée dans les îles de la Grèce, dans l'Asie-Mineure et dans la Turquie. Un passage de Pline prouve que les anciens Grecs savaient l'utiliser. Un médecin de Marseille, M. Charpin, ayant recueilli dans le Levant des renseignements sur le procédé que l'on emploie pour préparer la racine à laver, les a communiqués à M. Raffeneau Delile. C'est ce dernier qui l'a fait connaître en France.

Une nouvelle plante saponifère vient d'être découverte dans l'Abyssinie par M. Rochet-d'Héricourt. C'est un arbre que les habitants du pays appellent *Indot*, et dont la graine, convenablement préparée, leur tient lieu de savon.

M. Bussi a découvert, dans la saponaire, la substance qui donne à cette plante une propriété savonneuse, et il l'a appelée *Saponine*. Elle se retrouve dans la racine à laver du Levant.

Enfin, M. Edmond Fremy, votre correspondant, a observé dans le marron d'Inde, une matière qui ressemble à la saponine, mais qui n'en présente plus les caractères lorsqu'elle est traitée par les acides, par la potasse, ou soumise à l'action électrique.

Le végétal appelé *Lawsonia* par les botanistes, est connu des peuples de l'Algérie sour le nom d'*Al-Henneh*. Les Arabes et les Maures le cultivent avec soin pour en retirer une poudre qu'ils colorent avec une substance métallique et qui leur sert ensuite à teindre leurs cheveux, leurs sourcils, les ongles de leurs mains et de leurs pieds, et même le dos, la crinière, le sabot et une partie de la jambe de leurs chevaux. Un paquet de cette poudre vous avait été envoyé d'Alger par votre correspondant, M. le capitaine d'artillerie Levasseur, avec un échantillon de la matière colorante, que M. Colin a reconnu pour du deutoxide de cuivre.

M. l'abbé Caron vous a donné des détails sur la plante, sur sa culture, et sur le commerce auquel son produit donne lieu.

Enfin, dans une notice sur le Caoutchouc, il vous a tracé l'histoire complète de cette substance, appelée dans le commerce *gomme élastique* ou *résine élastique*. Mais ces noms, qui lui ont été donnés parce qu'elle découle comme les résines et les gommes du tronc des arbres, ne lui conviennent point, vous a dit M. l'abbé Caron, puisqu'elle n'est soluble ni dans l'eau, ni dans l'alcohol.

Le Caoutchouc ne fut connu en Europe qu'au commencement du dernier siècle, et l'auteur a cité, parmi les voyageurs auxquels la connaissance en est due, le savant botaniste et académicien Richard, né à Versailles. On ne le croyait alors produit que par deux espèces d'arbres indigènes, l'une du Brésil, l'autre de la Guyane. Le genre qu'elles forment, après avoir reçu différentes dénominations, a été définitivement appelé *Siphonia*, du nom des ustensiles que les Indiens fabriquent avec le Caoutchouc. Ce genre a été rangé dans la Monœcie Monadelphie du système de Linnée, et Richard l'a classé dans la famille des Euphorbiacées. Les deux espèces ont été nommées *Siph. Brasiliensis* et *Siph. Guyanensis*.

Mais les voyages et les observations, en se multipliant, ont fait reconnaître que le Caoutchouc est encore fourni par une foule d'arbres et d'arbustes de familles différentes, sur-tout dans les régions tropicales, où une température très chaude est réunie à l'humidité atmosphérique. Aussi est-il aujourd'hui importé de plusieurs lieux de l'Amérique-Méridionale et même de l'Inde qui en envoie une grande quantité. Celui de l'Inde est tiré du *Ficus Elastica* qui croît naturellement dans les forêts de l'Assam inférieur. On y a vu un de ces arbres dont le tronc atteignait près de 25 mètres de circonférence, dont la hauteur pouvait être évaluée à 33, et dont les branches ombrageaient une surface de 200 et quelques mètres.

M. l'abbé Caron a ensuite indiqué les caractères chimiques du Caoutchouc et les résultats des diverses analyses qu'en a faites M. Faraday. Ce chimiste anglais l'a trouvé composé de carbone et d'hydrogène. On ne connaît guère que l'éther pur et quelques huiles qui aient la propriété de le rendre soluble. Parmi ces huiles est celle que M. Belin a citée et que l'on obtient du goudron distillé. En Angleterre, on a récemment trouvé le moyen de le dissoudre dans le Caoutchouc même qu'on liquéfie par une distillation bien ménagée.

Nous l'employons à effacer les traces du crayon noir ; à rendre les étoffes imperméables à l'eau ; à vernisser les toiles qui servent à la construction des aréostats ; à faire des sondes, des tubes élastiques et les vessies dans lesquelles on conserve les gaz. Enfin, depuis quelque temps, on est parvenu à le réduire en fil et à tisser ainsi divers objets d'une extrême élasticité.

III. — Je ne ferai que citer parmi les matières qui ont servi de texte à M. Philippar :

Le développement des germes ;

La transformation des tissus végétaux ;

L'accroissement des plantes ;

L'aménagement des forêts et l'application de la méthode allemande dans les forêts de Compiègne et de Villers-Cotterets ;

L'état agricole de la colonie d'Alger et les végétaux qui y sont ou y pourraient être avantageusement cultivés.

Les détails auxquels il s'est livré sur les serres ont été suivis de renseignements que vous a donnés M. Colin, sur le mode de chauffage employé à Paris dans les belles serres de votre correspondant, M. le marquis de Lescalopin, et fondé sur la circulation de l'eau chaude. M. l'abbé Caron vous a rappelé que ce procédé avait été importé d'Angleterre, par M. Macé, directeur du potager du roi à Versailles.

Vous avez placé dans ce Recueil la notice nécrologique que vous a lue M. Philippar sur M. Steinheil, d'abord membre résidant et ensuite correspondant de la Société. En rendant justice au mérite de ces notices, vous avez ainsi payé un tribut de regrets et de reconnaissance à la mémoire d'un jeune botaniste dont les débuts présageaient un si brillant avenir.

Vous aviez confié à M. Philippar l'examen de trois mémoires ou recueils de mémoires qui vous avaient été envoyés.

Parmi ceux de la Société académique des sciences et belles-lettres de Falaise (année 1835), un seul est relatif à la botanique. Il a pour auteur M. de Brébisson, secrétaire de cette société savante et l'un de vos correspondants. Il s'agit dans ce mémoire de la classification et de la description des Algues fluviatiles et terrestres des environs de Falaise.

Les ouvrages qui avaient été faits jusqu'ici sur les végétaux dont se compose la grande famille des Algues sont peu nombreux, rares et fort chers. Presque tous d'ailleurs ont été publiés par des étrangers; de plus les Algues des environs de Falaise sont communes à la Normandie et même à toute la France. Le travail de M. de Brébisson a donc plus de portée que n'en annonce la modestie de son titre. Les espèces décrites sont au nombre de 238, et dans ce nombre ne sont point comprises les variétés.

Les Diatomées étant moins généralement connues que les autres espèces d'Algues, l'auteur en a fait une étude toute particulière, et a joint à ses descriptions des figures d'une exactitude parfaite. Pour les autres divisions, il s'est borné à représenter quelques détails grossis des espèces les plus intéressantes de chaque genre.

Il a rangé parmi les Diatomées plusieurs genres qui ont de l'affinité avec certains animaux des ordres inférieurs, ce qui en a long-temps rendu la situation et par conséquent la classification incertaine: car il en est résulté que les botanistes et les zoologistes s'en sont réciproquement renvoyé l'étude, et c'est à cette cause que M. de Brébisson, et après lui M. Philippar, attribuent l'ignorance dans laquelle on est encore au sujet des Diatomées.

Ainsi, la locomotion dont quelques diatomées paraissent être douées, et certains caractères de transformation qui se manifestent selon leur âge, pourraient faire supposer qu'elles joignent la vie animale à la vie végétative. Mais, M. de Brébisson ayant remarqué que les mouvements toujours rectilignes, également progressifs et rétrogrades, n'ont pas lieu chez ces êtres par le moyen d'organes appendiculaires, visibles chez les animaux, les a considérés comme analogues en quelque sorte à ceux que l'on observe chez les Mimoses, le sainfoin du Bengale et autres plantes. Suivant M. Philippar, ils seraient dus à l'action des masses tissulaires, qui, chez quelques espèces végétales sur-tout, sont douées, dans leur partie organique relative, d'une puissance d'incurvation et de récurvation résultant de la disposition des parties actives du tissu. Cette action aurait une certaine similitude avec l'action, bien plus énergique cependant, qui se manifeste sur le système nerveux des animaux. Elle est, ajoute M. Philippar, plus ou moins caractérisée chez ceux-ci ; dans quelques-uns elle est très manifeste, et n'est pas sensible dans le plus grand nombre.

Un autre rapport (il s'agissait de la partie botanique des Mémoires de la Société d'Agriculture, Commerce, Sciences et Arts du département de la Marne, pour l'année 1839) a soulevé une discussion intéressante. Le rapporteur ayant exprimé des idées qui tendaient à démontrer le retour du *Triticum* à l'état d'*Ægylops*, et M. l'abbé Caron ayant profité de cette occasion pour annoncer que le type du blé cultivé avait été trouvé en Perse à l'état sauvage, par MM. André Michaud et Olivier, M. Eugène de Boucheman a émis l'opinion que rien ne pouvait établir avec certitude quel était l'état primitif du blé; il a nié cette transformation d'une plante dans une autre, et a trouvé des inconséquences dans les observations faites à ce sujet par M. Raspail. M. Philippar, au contraire, a soutenu qu'il y avait rapport entre le genre *Ægylops* et le genre *Triticum*, que l'examen de ces céréales livrées à la culture fournissait des conclusions favorables à l'opinion de M. Raspail, mais que la Botanique séparée de l'application, ne saurait éclairer sur la dégénérescence.

En vous rendant compte du mémoire de M. Kirschléger, votre correspondant à Strasbourg, sur les violettes de la vallée du Rhin, depuis Bâle jusqu'à Mayence, des Vosges et de la Forêt-Noire, il a reconnu le mérite de cet ouvrage dont l'auteur s'est proposé de rechercher les caractères propres à établir les espèces.

Votre collègue s'était livré à quelques expériences sur les Liliacées, en les dirigeant particulièrement sur le *Lilium Superbum*, le *Lilium Tigrinum*, et l'*Amaryllis Belladona*. Des parties de bulbe coupées en long et en travers, des écailles de bulbe et des portions de ces écailles ont été plantées et ont produit un développement de petites bulbes sur tous les points sectionnés. M. Steinheil a expliqué ces résultats par la théorie de M. Dutrochet sur le dédoublement des faisceaux de fibres, en comparant cette formation à celle des bourgeons adventices.

Parmi les plantes dont la culture mérite d'être encouragée, il faut placer les plantes oléagineuses qui, en livrant à l'industrie des produits toujours utiles, ont encore l'avantage d'agrandir le cercle de l'assolement.

A cette classe appartient l'*Arachis Hypogæa*, légumineuse originaire du Pérou et du Brésil. On avait tenté d'en transporter la culture de la Sénégambie dans le midi de la France, et de 1800 à 1804, ces essais avaient eu un certain succès. Abandonnés depuis cette époque, ils ont été récemment repris par M. Chaise, et au commencement de cette année, la Société d'Agriculture de la Seine confia à une Commission, dont M. Philippar fut nommé rapporteur, le soin d'étudier les avantages et les inconvénients de cette culture.

La Commission a reconnu que l'Arachis Hypogæa vient fort bien dans les terres sableuses; qu'elle ne craint point la chaleur ni la sécheresse ; qu'en étalant ses ramifications sur le sol, elle met obstacle à l'évaporation ; qu'elle fournit un fourrage abondant, et que tous ses résidus peuvent être employés à la nourriture des animaux domestiques.

M. Philippar a mis sous vos yeux un pied de cette plante et un échantillon de l'huile qu'on en extrait. Il a brûlé devant vous une amande et vous a fait remarquer que la combustion durait long-temps. La saveur de l'huile se rapproche, a-t-il dit, de celle de l'huile d'olive, mais avec un goût *sui generis*.

Un hectare produit 2232 kilogrammes de graines en gousse, 1674 kilogrammes d'amandes et 837 kilogrammes d'huile.

M. l'abbé Caron a rappelé à ce sujet que l'Arachis Hypogæa avait été long-temps cultivée par Richard, dans la partie du potager qui avait été affectée à l'École centrale d'abord, puis à la Société d'Agriculture de Seine-et-Oise.

M. Philippar avait chez lui une Dionée-Attrappe-Mouche (*Dionea Muscipula*), qu'il destinait au Jardin botanique de la ville. Vous avez été invités à venir visiter ce végétal dont les feuilles, garnies de spinelles, se contractent et se ferment sur l'insecte qui s'y repose, le percent de toutes parts, et s'ouvrent alors pour laisser tomber son cadavre.

Ses autres communications ont eu pour objet des échantillons qui vous étaient offerts ou seulement présentés.

C'est ainsi qu'il vous a entretenus :

1.° De trois variétés, généralement inconnues, du Cyprès de la Louisiane ;

2.° Du Jacquier, ou arbre à pain des Indes. Un fruit venait d'en être donné à la Société par M. le docteur Boucher. En déterminant l'espèce à laquelle il appartient (*Arctocarpus Integrifolia*. Linn.), M. Philippar a tracé l'histoire naturelle et physiologique du genre, et vous a fait remarquer que les périanthes deviennent les loges séminifères ;

3.° Du Gingko Biloba. Cet arbre a fructifié dans le Jardin botanique de Montpellier, par les soins de M. Raffeneau Delile ; ce fait a tranché une question, jusqu'alors indécise, et a permis de ranger le Gingko dans la famille des Amentacées ;

4.° Du Maclura Aurantiaca. On a tenté avec succès d'employer cette plante à la nourriture des vers à soie ;

5.° De l'*Erythronium dens Canis*, liliacée qui croît dans les montagnes de la France, en Sibérie et en Virginie, et de l'*Epimedium Grandiflorum*, originaire du Japon. Des exemplaires fleuris de ces plantes vous étaient montrés ;

6.° D'un fruit du Pampelmousse (*Citrus Decumana*), mûri dans les serres de M. Deschiens, propriétaire à Versailles. Ce fruit présente une particularité remarquable et encore inédite. Sa densité, très faible au moment où on le cueille, augmente considérablement lorsqu'il est conservé ;

7.° D'un fruit oléagineux, envoyé du Sénégal, sous le nom de *Toulouconna*. M. Philippar avait reçu du Ministre de l'Agriculture et du Commerce un sac rempli de ces fruits ; il était chargé de les faire germer et de déterminer la plante de laquelle ils pouvaient provenir. Pour atteindre le premier but, il distribua une partie de ses échantillons à divers horticulteurs, et en fit, de plus, semer seize dans le Jardin Botanique de Versailles, mais aucun ne germa ; l'aspect seul de l'amande, sensiblement altérée, aurait pu faire prévoir ce mauvais résultat. La seconde instruction a été mieux remplie. M. Philippar a constaté que le fruit en question appartient au genre *Carapa*, décrit sous différents noms par divers auteurs. L'espèce qui porte le nom de *Toulouconna*, dans la Flore de Sénégambie, a pour synonymie, dans cette Flore, *Carapa Guinensis* de Sweet. M. Philippar la croit la même que le *Carapaca Indica* de Jussieu. Elle serait alors commune à l'Inde et à quelques contrées de l'Afrique occidentale. C'est un bel arbre qui fournit un bois propre aux constructions, à la fabrication des meubles, et contenant un principe amer qui en éloigne les vers. Les amandes du fruit procurent une huile qui sert à l'éclairage ;

8.° De graines provenant du Paraguay, et envoyées par la Société Linéenne de Bordeaux à M. Philippar, sous le nom de *Maïs d'Eau*. Cette plante croît dans les ruisseaux, à peu prés comme le Nénuphar. Elle abonde à 3 ou 4 lieues de Corrientes, dans un ruisseau nommé *Rio Chuello*. La description qu'on en donnait n'était point très complète ; néanmoins on annonçait que la fleur blanche avait un réceptacle qui rappelait celui du Tournesol.

La feuille ronde, ajoutait-on, a des rebords comme ceux d'un tamis, est garnie de piquants en dessous, et présente un diamètre de 1 mètre 40 centimètres environ; la circonférence du réceptacle qui contient les fruits a 50 centimètres. Le fruit sert à faire du pain et des tourtes, et a été pendant une disette la seule nourriture des habitants du pays. On en a semé des graines dans divers endroits de la France, mais M. Philippar ignorait encore si elles avaient germé;

9.° De racines d'ormes et de peupliers qui avaient pris un accroissement anormal dans les conduits de l'Étang-Gobert, et avaient été envoyées par M. Séguy;

10.° D'une nouvelle variété du *Reticularia Hortensis*. M. Philippar proposait de l'appeler *Expansa*. Ce champignon parcourt quelquefois toutes les phases de la végétation dans l'espace d'une nuit et d'un jour, et se déploie, sur le terrain des couches, en plaques qui ont jusqu'à 40 centimètres d'étendue;

11.° D'un champignon nouveau pour lequel il proposait le nom de *Tremella Circumscripta*. Cette espèce croît sur les épis de maïs qui entrent en décomposition. Elle garnit toute la périphérie de l'axe, en occupe toute l'étendue, et circonscrit les aréoles axifixes dans la cavité desquelles sont logées les graines du maïs. Toutefois elle est peu proéminente sur les saillies alvéolaires;

12.° D'une espèce de charbon que portait un échantillon de maïs. Ce charbon est l'*Uredo Carbo Maïadis;*

13.° Enfin, d'une maladie qui attaque le Mûrier blanc, et qui s'observe dans les cultures de l'Institut agronomique de Grignon. On pourrait, suivant M. Philippar, la nommer *Maculure des feuilles*.

IV. — Dans un mémoire sur la pomme de terre, M. Girardin, votre correspondant à Rouen, et M. Dubreuil fils, examinaient 1.° la convenance du buttage; ils seraient portés à le conseiller dans les grandes exploitations; 2.° la classification; 3.° le choix des variétés, relativement au sol; ils ont ici considéré les variétés sous le double rapport de la qualité nutritive et de l'extraction de la fécule, et leurs conclusions sont les résultats des expériences de culture et des analyses chimiques auxquelles ils s'étaient livrés. C'est M. Colin qui vous a rendu compte de ce mémoire.

M. Colin vous avait remis un sac de fruits qui venaient du Chili, où ils sont connus sous le nom d'Avellana, et qui lui étaient envoyés par M. Lozier, aujourd'hui votre correspondant. Ils furent reconnus comme le produit du Gewina Avellana, par M. l'abbé Caron, qui vous donna l'histoire naturelle de cet arbre. Les fruits, dont les Chiliens et les Péruviens retirent une huile bonne à manger, furent soumis aux expériences de MM. Colin et Belin. 1750 grammes de fruits leur ont procuré 500 grammes d'amandes, et celles-ci environ 125 grammes d'huile dont ils vous ont remis un flacon. M. Belin, qui a eu ensuite l'idée d'appliquer la méthode de déplacement à leur analyse, en a extrait une matière sucrée d'un goût assez agréable. A ces détails, MM. l'abbé Caron et Philippar en ont ajouté sur la végétation de la plante, dont un pied, cultivé dans les pépinières de Trianon, paraît être le plus avancé de ceux qui ont réussi en France, et dont un autre a supporté, dans le Jardin botanique de Versailles, jusqu'à 3° de froid.

Mais le Sarrazin des teinturiers (*Polygonum Tinctorium*), est de toutes les espèces végétales, celle qui a provoqué dans le sein de la Société les observations les plus nombreuses et les plus variées. Tour à tour étudié par la Botanique, traité par la Chimie, appliqué par la Thérapeutique, *il* a paru devant vos yeux à l'état de végétal complet, de matière colorante, de substance médicinale, et a été sous ces formes différentes un sujet d'essais toujours heureux. L'ordre que je me suis proposé de suivre ne me permettant pas de réunir dans un même ensemble cette triple série d'expériences, je rattacherai seulement à cette partie de mon travail, celles qui lui appartiennent véritablement.

En vous soumettant des exemplaires fleuris de *Polygonum Tinctorium*, M. Philippar vous a d'abord dit quelles circonstances ont contribué à introduire et à propager ce végétal en France, quelle culture il y reçoit, quels avantages l'industrie en retire.

M. l'abbé Caron ensuite vous en a fait voir un pied qui s'était développé avec ses feuilles, ses fleurs et ses graines, quoique ses racines fussent baignées seulement dans l'eau pure. Plusieurs opinions furent exprimées à ce sujet. M. Colin, qui avait suivi l'expérience, a fait remarquer que si l'on avait souvent obtenu dans les mêmes circonstances un développement foliacé et floréal, jamais l'on n'avait constaté aussi positivement la formation des graines.

Quoique ces graines parussent trop desséchées pour qu'on pût espérer de les faire germer, il résolut de tenter l'expérience.

Il les fit d'abord gonfler dans de l'eau, les unes en leur laissant leur enveloppe, les autres après les en avoir dépouillées. La germination de celles-ci ne s'obtint pas sans beaucoup de peine; il fallut les mettre entre des linges mouillés en les séparant l'une de l'autre, les soumettre constamment dans l'humidité à une température d'été, rincer souvent les linges, et de temps en temps laver les semences elles-mêmes; mais en moins de deux mois, ces graines ont produit beaucoup plus que les premières dans l'espace de six mois.

La germination opérée, elles furent plantées chacune sur une petite butte de terre et soutenues, au besoin, par trois petits morceaux de briques qui les empêchèrent de se pourrir ; on les entoura d'un large anneau de linge mouillé ; on évita de les exposer à une lumière trop forte, et on les recouvrit d'un verre sous lequel l'air pouvait aisément s'introduire. Lorsque les plants furent assez forts, le verre fut enlevé.

Les plants obtenus ont été, les uns mis dans une serre chaude ou dans une serre tempérée, les autres exposés à une température d'orangerie. La serre chaude a été funeste à tous les plants excepté à un ; la température d'orangerie s'est prêtée à la végétation ; mais la croissance a été normale dans la serre tempérée. C'est ce que l'expérience a également fait voir à M. Briou, jardinier des pépinières de Trianon, et à M. Jacques, jardinier du roi à Neuilly. Il a aussi paru à M. Colin que la terre de bruyère convenait mieux à ce végétal que la terre de jardin.

V. — Les marbres blancs, lorsqu'ils sont exposés à l'air, prennent quelquefois une teinte rouge; ce phénomène se fait voir dans certains endroits sur les marbres du parc de Versailles. M. Chevalier, vous a dit M. Belin, a reconnu que cette coloration est due à des lichens.

M. Belin vous a en outre apporté quelques feuilles et quelques branches de Matico, en vous donnant des détails sur l'histoire et l'analyse de cette plante du Pérou, puis des feuilles de Coca. Ces feuilles sont d'un grand usage chez les Péruviens qui croient, en les mâchant, éloigner la faim. M. l'abbé Caron a fait passer sous vos yeux la gravure coloriée de l'Erythroxylon Coca, espèce qui appartient au même genre.

Vous avez de plus entendu, Messieurs :

M. Steinheil, 1.° sur la philosophie botanique, la phyllotaxie et les modifications que l'on en pourrait tirer pour la classification; 2.° sur le genre Zanichellia qu'il a réduit à deux espèces, le Z. Palustris et le Z. Dentata; 3.° sur les résultats de l'analyse d'un Bolet qui avait été trouvé sur un poirier et qui contenait de l'acide oxalique et plusieurs oxalates;

M. Gaston de Ménil-Durand, sur la végétation des Alpes;

M. Ramond de la Sagra, votre correspondant à la Havane, sur quelques arbres résineux de l'Amérique;

M. Berger, sur les caractères et les qualités de diverses variétés de châtaignes.

Et M. Eugène de Boucheman qui vous a fait trois rapports :

Le premier relatif au mémoire que vous avait envoyé votre correspondant, M. de Brébisson, et qui avait pour titre : *Considérations sur les Diatomées ;*

Le second à un autre mémoire de M. Steinheil sur l'accroissement des feuilles;

Le troisième à une notice de M. Philippar sur le *Madia Oleifera,* considéré comme plante oléagineuse. L'opinion du rapporteur n'a pas été sur tous les points conforme à celle de l'auteur. Ainsi M. de Boucheman ne pense pas comme M. Philippar, que la physiologie d'un végétal étant connue, on puisse en déduire son mode de culture. Cette opinion généralement admise, se trouve, suivant lui, hasardée dans la pratique. Les plantes de la famille des graminées, par exemple, ont une physiologie analogue, et pourtant leur manière de vivre est très variée.

M. l'abbé Vandenhecke, alors à Nice, vous a envoyé des renseignements sur la culture du Mûrier en Provence, et sur ses variétés. M. Philippar a ajouté que le jardin botanique de Versailles renfermait environ cent variétés de Mûrier dues à M. Audibert de Tarascon.

Enfin, une rose de Jéricho rapportée de Syrie par votre correspondant, M. le marquis de Lescalopier, vous a été remise avec une note sur le végétal qui produit cette fleur et qui présente plusieurs phénomènes remarquables. Ainsi il a la singulière propriété de toujours s'épanouir, lorsque d'une sécheresse assez grande pour lui donner une consistance cornée, il passe à l'humidité.

VI. — Les séances particulières de la section de Botanique ont été sur-tout occupées par les soins que réclamaient les collections de plantes et de graines. Quelques questions, à la vérité, y ont été posées et discutées; mais la solution n'en a pas été assez complète pour qu'il me soit permis de vous en entretenir. Je ne citerai que la discussion relative à la meilleure méthode à adopter dans la classification des plantes, parce qu'elle a fourni à M. Philippar l'occasion d'analyser le système proposé par un Allemand, M. Endelicher. Il s'agit, dans l'ouvrage de ce botaniste, de mettre la classification de de Jussieu en rapport avec les connaissances actuelles et les découvertes modernes. La section a apprécié l'harmonie qui règne dans ce système très rationnel et très séduisant; mais elle a reconnu l'embarras que doivent causer les divisions dans lesquelles l'auteur s'est laissé entraîner.

Elle n'est point non plus demeurée étrangère à l'étude spéciale du département, et je ne puis mieux clore cette partie du compte-rendu qu'en vous rappelant le catalogue qu'a dressé M. Leduc des végétaux qui croissent dans Seine-et-Oise, et auquel il a joint l'indication de l'habitat. Ce travail, qui vous avait été présenté par l'auteur, et dont vous aviez confié l'examen à la section de Botanique, a été l'objet d'un rapport que vous a fait son président, M. Philippar. « Il serait à désirer, disait le rapport, qu'un pareil travail fût exécuté dans chaque département. Ce serait le seul moyen de nous procurer une bonne Flore Française et de plus une géographie botanique. »

Troisième Partie.

ZOOLOGIE.

I. — Quoique l'étude des Zoophytes, des Mollusques et des Annelides soit généralement peu répandue, ce groupe d'invertébrés a donné lieu à quelques communications.

M. Philippar vous a parlé d'Éponges fluviatiles qu'il avait recueillies à Versailles, dans les Etangs-Gobert et dans la pièce d'eau des Suisses;

M. Gaston de Ménil-Durand, de Méduses, de Poulpes et d'Ascidies, qu'il avait rapportées du département de la Manche;

M. Colin, de Balanes qui lui avaient été envoyées du Hâvre;

M. Berger, des Hydatides;

Et M. le docteur Dargent, d'Entozoaires qui avaient été trouvés par lui dans l'intérieur d'une musaraigne d'eau. Ces vers étaient situés dans le tissu cellulaire intermusculaire des parties latérale du cou et antérieure du dos. M. Dargent les rapportait au premier ordre des intestinaux, les *Cavitaires*, genre *Filaire* (Cuvier). Ce genre d'intestinaux offre une particularité remarquable:

c'est qu'il se trouve principalement dans les cavités animales qui ne communiquent point avec le dehors, dans le tissu cellulaire, et jusque dans l'épaisseur des muscles et le parenchyme des viscères.

La section qui représente, dans le sein de la Société, la zoologie de ces classes inférieures, a payé son léger tribut à l'histoire naturelle du département. Son président, M. l'abbé Vandenhecke, lui a signalé, dans une de ses séances particulières, l'existence de la Cristatelle dans l'étang du Plessis-Picquet, où ce polype curieux séjourne sur des pierres siliceuses. Il a trouvé dans l'étang de la Ménagerie le premier des trois polypes décrits par Dutramblay, et le second dans l'étang de la Minière et dans celui de Ville-d'Avray. M. Leduc l'a aussi rencontré dans les étangs du Désert.

II. — Les insectes étant, de tous les invertébrés, les plus faciles comme les plus intéressants à connaître, sont naturellement ceux qui doivent le plus vous occuper. M. Leduc, après avoir achevé un premier cours d'Entomologie en 1836, a consenti, à la fin de 1840, à en entreprendre un second qu'il a terminé le 27 juillet dernier et auquel il a donné le même plan qu'à l'autre. En décrivant le Mylabre, il a mis M. Colin à même de vous donner des détails sur l'extraction de la Cantharidine, plus abondante encore dans cet insecte qu'elle ne l'est dans la Cantharide.

De tous les ordres d'insectes, l'ordre des Hyménoptères est celui dont la classification a jusqu'ici présenté le moins de sûreté. En effet, empruntés tantôt aux organes de la bouche, tantôt à la forme de l'aiguillon, les caractères sont souvent insaisissables dans le premier cas, et manquent chez les mâles dans le second. Ces difficultés, M. Leduc a tenté de les faire disparaître dans un travail qu'il a récemment terminé. Il croit être parvenu à trouver une classification plus claire, en joignant aux caractères fournis par les organes de la bouche, ceux que l'on peut tirer des organes de la préhension et de la locomotion, et qui, presque toujours visibles à l'œil nu, rendent parfois les premiers tout-à-fait inutiles. De plus, l'aiguillon particulier aux femelles est remplacé dans son système par les antennes ou par d'autres caractères également communs aux deux sexes. Il a commencé un travail analogue sur les Coléoptères.

Vous devez :

A M. Hippolyte Blondel et à votre correspondant, M. Rousseau, un mémoire sur l'organisation de la tête des insectes, et sur les analogies qu'elle présente avec le crâne des mammifères ;

A M. Blondel seul, deux rapports sur la monographie des Tenthrédinètes, par M. le marquis Lepelletier de Saint-Fargeau, et sur la partie entomologique des mémoires de la Société royale des Sciences, de l'Agriculture et des Arts de Lille, pour l'année 1838 ;

Et à M. le comte de Jousselin, un autre rapport sur une brochure publiée par votre correspondant, M. Laporte, et intitulée : *Mémoire pour servir à l'Histoire de quelques Insectes.*

Je pourrai vous donner une analyse plus ou moins détaillée des communications faites par M. l'abbé Caron sur quelques espèces nuisibles à l'agriculture.

Un habitant d'Auxonne a employé un moyen ingénieux pour s'en délivrer. Il disposa des tronçons de saule de la manière la plus propre à recevoir des nids; puis il les suspendit dans son verger à des branches d'arbres où les mésanges vinrent en foule établir leurs demeures. Il fonda ainsi une colonie d'entomophages dont M. l'abbé Caron a tenté d'évaluer les services, en calculant le nombre de larves que chaque oiseau devait détruire dans un temps donné. Malheureusement les mésanges sont très friandes d'abeilles et de graines, et font la guerre aux bourgeons des arbres quand elles ne trouvent pas d'insectes; on voit alors les inconvénients l'emporter sur les avantages. M. l'abbé Caron terminait donc en appelant la zoologie au secours de l'agriculture, et en réclamant d'elle les moyens d'arrêter les ravages des insectes destructeurs.

M. le docteur Balzac a pris alors la parole. Une échancrure à la mandibule supérieure caractérise, a-t-il dit, les oiseaux insectivores ou frugivores. Parmi ces oiseaux, ceux qui se nourrissent plus spécialement d'insectes, ont le bec long et effilé, et ceux qui vivent de graines ont le bec conique et court. Il serait à désirer que ces caractères fussent connus des habitants de la campagne.

La larve du Scolyte Pygmée (*Scolytus Pygmæus*) s'était tellement multipliée il y a quelques années dans le bois de Vincennes, que l'administration a été obligée d'y faire abattre 50,000 pieds de chênes de 25 à 35 ans.

Un tronçon d'orme dépouillé de son écorce, et offrant dans son pourtour une foule de compartiments en forme de rosaces, vous fut présenté par M. l'abbé Caron. Chaque compartiment était composé de sillons vermicellés qui partaient d'une ligne médiane et s'étendaient en divergeant comme les rayons d'un cercle. Ces sillons que l'on aurait crus au premier aspect tracés au burin par un sculpteur en bois, étaient l'œuvre de la larve du Scolyte Destructeur (*Scolytus Destructor*). Peu de temps après l'accouplement qui a lieu vers le mois de juin, la femelle du Scolyte perfore l'écorce de l'arbre et se glisse entre cette partie et l'aubier sur lequel elle dépose ses œufs. Au bout e trois mois les œufs donnent naissance à de petites larves qui, à peine écloses, se nourrissent comme toutes celles des Xylophages, aux dépens de l'écorce et de l'aubier. Ce sont elles qui, dans la route intérieure qu'elles se fraient, forment de longues galeries en lignes droites ou en lignes tortueuses et transversales dont l'ensemble varie comme les espèces dont il est l'ouvrage. Du reste ces signes que l'œil admire sont autant d'indices qui annoncent la mort de l'arbre sur lequel elles sont empreintes : car les vaisseaux et le tissu cellulaire étant détruits, le sujet finit par succomber : or, les espèces d'arbres ainsi attaquées sont nombreuses, et chacune d'elles est la proie d'une espèce particulière de Scolyte ; le Scolyte Destructeur est celle qui s'attache à l'orme, et son nom spécifique est parfaitement justifié par les ravages qu'elle cause. M. l'abbé Caron a cherché à les évaluer approximativement par le calcul. Il en résulterait que l'orme dont le tronçon présenté faisait partie, était ravagé par 21,840 larves; qu'elles en ont pu produire la seconde année 509,600 autres, et celles-ci, l'année suivante, 11,890,620, capables de détruire 554 ormes, c'est-à-dire d'occasionner, à 40 fr. par pied, une perte totale de 22,160 fr. Il faut donc, dès qu'un arbre se couronne, et qu'on découvre sous l'écorce les symptômes du mal, le couper et le brûler.

Alors M. Jourdain, en insistant sur les ravages qui résultent de la propagation effrayante des Scolytes et qui sont si funestes aux essences forestières, a cependant ajouté que l'orme et le frêne y étaient seuls en butte. Il serait à craindre que tous les jeunes ormes ne fussent attaqués et que l'espèce entière ne fût anéantie, si l'on ne prévenait ce malheur par des mesures promptes et énergiques.

Divers moyens ont été employés pour détruire la larve du Hanneton (*Melolontha*). M. l'abbé Caron a cité les résultats des opérations pratiquées en 1833 et en 1834 dans les dépendances de la ferme Satory, près Versailles, par M. Bailly de Villeneuve, et en 1836 dans la domaine de Neuilly. Les cultivateurs de Boulogne, près Paris, ont imaginé un moyen de préserver les fraisiers des attaques du ver blanc. Ils établissent sous la plante une couche de feuilles mortes dont l'épaisseur est de 8 à 10 centimètres et que le ver ne peut traverser.

M. l'abbé Caron vous a encore exposé l'histoire de la Pyrale de la vigne (*Pyralis Vitis*), les tentatives faites par les naturalistes et les agronomes pour la détruire et notamment celles de M. Audouin dont il a analysé les mémoires.

Une chenille dévorait dans l'été de 1837 les groseilliers des jardins de Versailles et des villages environnants, M. Leduc, après avoir suivi les transformations de cet insecte, en a fait le sujet d'un mémoire qui a été imprimé par décision de la Société.

M. Philippar vous a apporté quelques échantillons de seigle en herbe qui avaient été piqués par une larve encore inconnue aux agronomes de nos environs. C'était, suivant M. Audouin, celle du *Musca Pumilionis* (Latreille). Cet insecte pond ses œufs sur le seigle. Au printemps le collet de la plante devient turgescent, et en l'ouvrant on trouve au centre la larve occupée à ronger le *Corculum*. M. Leduc avait d'abord pensé qu'elle appartenait à l'espèce *Musca frit* ou *Oscinis frit*, insecte du nord qui, sur-tout en Suède, ravage les céréales en général et l'orge en particulier.

Après avoir fixé nos yeux sur les insectes nuisibles, arrêtons-les sur des espèces qui méritent un intérêt tout contraire.

Une ruche de verre avait procuré à M. Lefebvre la

facilité d'observer complétement le travail et les mœurs des Abeilles. Il vous a donné à ce sujet des détails circonstanciés.

M. Philippar a fait hommage à la Société d'un fragment de tissu produit par des chenilles dont on avait eu l'art de diriger le travail.

Le Bombice (*Bombyx mori*) ne pouvait être oublié. D'abord M. Nelson Vors vous a parlé de ses maladies et principalement de la Muscardine.

Vous n'ignoriez point que des essais avaient été heureusement tentés pour acclimater dans le département l'éducation de cet intéressant insecte, lorsque notre président actuel vous proposa d'en constater vous-mêmes les résultats. Beaucoup d'entre vous s'étant donc réunis le 16 juin dernier à M. Philippar, se sont rendus dans la commune de Draveil, où est située la magnanerie de M. Camille Beauvais.

[1] Ce qui rend les ateliers de cet établissement remarquables, ce sont sur-tout leur simplicité et le système économique d'après lequel ils sont construits. Des calorifères et des ventilateurs y maintiennent une température constante de + 18 à 20 degrés Réaumur.

On y fait éclore 30 onces d'œufs ; chaque once produit 40,000 larves dont on ne peut conserver que la moitié. La variété que l'on cultive particulièrement est le *Sina* qui produit la soie blanche lustrée.

Pour renouveler la nourriture, on place les feuilles sur des filets très légers. Ces filets sont posés sur les chenilles, et sitôt qu'elles ont abandonné la couche inférieure on soulève l'autre pour enlever le fumier.

On nourrit les plus jeunes larves de feuilles fraîchement

[1] Communication de M. l'abbé Caron.

découpées à l'aide d'un instrument particulier. Cet instrument exige peu d'efforts pour fonctionner, et les produits de l'opération sont proportionnés à la force de l'insecte.

Les plantations de mûriers sont en très bon état. On a soin de laisser reposer les arbres pendant un an. La variété cultivée à Draveil est celle que l'on nomme *Lou* et qui a été importée de la Chine.

[1] L'éducation des vers à soie réussit aussi à l'école normale primaire de Versailles. Elle n'y a point souffert des variations de température du dernier printemps, quoiqu'on n'eût pris aucune mesure pour chauffer le local. Seulement elle a exigé plus de temps qu'il n'en eût fallu si la température eût été uniforme et égale à celle des ateliers de Draveil.

[2] Un journal de Lyon, le *Censeur*, donnait des renseignements sur la consommation de la soie dans cette ville. Elle s'élève à un million de kilogrammes environ qui sont fournis par 4 milliards 200 millions de cocons, à raison de 4 cocons pour un gramme de soie. Chaque cocon produit un fil de 500 mètres de longueur moyenne, ce qui donne pour la totalité des cocons employés 2 milliards 100 millions de kilomètres de soie.

M. l'abbé Caron vous a cité le procédé employé par M. Miergues, médecin à Anduze, pour le dévidage de la soie. L'auteur substitue à l'eau chaude, l'eau froide, après y avoir dissout une substance particulière qui s'empare de la matière gommeuse du cocon.

Je ne quitterai point les insectes sans vous faire remarquer, Messieurs, que vos entomologistes ont accordé

[1] Communication de M. Philippar.

[2] Communication de M. l'abbé Caron.

une attention spéciale aux espèces qui pouvaient intéresser particulièrement le département.

Feu M. Turpin, votre correspondant, vous avait envoyé une note sur *une espèce d'Acarus présentée à l'académie par M. Roberton à qui M. Cross l'avait communiquée.* Cette espèce avait été nommée par M. Turpin *Acarus Horridus*. M. Cross, qui s'attribuait le pouvoir de fabriquer des animaux, prétendait l'avoir créée.

MM. l'abbé Caron et Eugène de Boucheman ont défendu l'opinion qui attribue à des Arachnides, ces filaments floconneux vulgairement connus sous le nom de fils de la Vierge. Lâmarck, sans citer aucun fait, aucune observation, les regardait comme l'effet de brouillards secs et condensés. D'autres naturalistes ont ensuite soutenu qu'ils sont ou qu'ils ne sont pas produits par des insectes. La première opinion est fortifiée des témoignages de Latreille et de Cuvier qui les croyaient dus à des Arachnides, et des résultats d'une analyse chimique faite par M. Mulder, qui n'a trouvé dans ces fils que des substances animales. M. l'abbé Caron s'est donc étonné qu'ils eussent été récemment rapportés par M. le docteur Doé, dans une publicatiou périodique, non plus à des brouillards secs condensés, mais à des brouillards raréfiés. Il a cherché les arguments que l'on pouvait alléguer en faveur de cette idée, les a combattus et a cité les faits dont la découverte est venue confirmer l'opinion de Latreille et de Cuvier. Enfin il lui paraît constaté que ces productions filamenteuses du printemps et de l'automne sont l'ouvrage d'un grand nombre d'espèces d'Arachnides appartenant aux genres *Tomise*, *Lycose*, *Epeire* et *Gamase*. Mais il reste à désigner, ce qui n'est pas facile, le genre auquel chaque fil doit être particulièrement attribué.

Pour vous rappeler ce qu'a dit M. le docteur de Balzac,

sur l'instinct admirable de l'Araignée aquatique et de l'Araignée maçonne, je ne puis mieux faire, Messieurs, que de laisser parler votre collégue lui-même.

« L'Araignée aquatique ou *Argyronète* vit dans l'eau et s'y construit une demeure de fils serrés et feutrés ; la forme de cette habitation est ovale, elle présente une ouverture à la partie inférieure pour l'entrée et la sortie de l'araignée ; elle est solidement amarrée par des fils à des brins d'herbes aquatiques ; ces fils servent aussi pour arrêter dans leur course, les petits animaux dont les argyronètes font leur proie, et l'ébranlement qu'ils transmettent jusqu'à l'araignée, tapie dans sa demeure, l'avertit du repas qui l'attend : elle fond aussitôt sur sa victime et l'entraîne dans sa retraite.

« Cette coque singulière sert à l'argyronète de cloche de plongeur ; en effet, organisée pour vivre de proie aquatique, et cependant pour respirer l'air libre, cette araignée présentait à la nature, si féconde en expédients, un problème à résoudre ; l'argyronète, dont le corps est velu, mais enduit d'une huile fine, plonge dans l'eau sans se mouiller. Enveloppée d'une légère couche d'air, elle roule brillante comme une petite sphère d'argent : arrivée à la coque, qu'elle a construite déjà, elle en dilate l'ouverture élastique, s'y débarrasse, en se frottant avec ses pattes, de l'air qui l'enveloppe, et revient à la surface de l'eau se charger d'une autre bulle d'air. Plusieurs voyages successifs lui permettent de se fabriquer ainsi une sorte d'atmosphère artificielle dans laquelle elle respire librement, mais qu'elle est obligée de renouveler chaque fois que sa respiration l'a consommée, ou que la lutte qu'elle a pu avoir avec une proie nouvelle a dérangé une économie si soigneusement ordonnée.

« L'araignée maçonne, espèce de *Mygale* que l'on trouve

en France, se construit une galerie souterraine, une sorte de boyau dont elle tapisse l'intérieur d'une soie fine. Ce que ce travail présente de plus remarquable, c'est la clôture qui ferme l'entrée. C'est une sorte de porte fabriquée avec de la terre et des fils; elle est fixée à la partie supérieure de l'ouverture par quelques soies qui forment la jointure, le gond, disposition qui lui permet de se fermer par son propre poids. Sa surface extérieure est tout-à-fait semblable à la terre du voisinage aux dépens de laquelle elle a été fabriquée : sa face intérieure est garnie d'une couche de soie et de quelques filaments qui se dirigent vers un point plus ou moins éloigné des parois de la galerie. L'araignée se tient en embuscade à l'ouverture de cette trappe, et si quelque insecte imprudent passe dans le voisinage, l'adroite chasseuse le saisit, l'entraîne et l'incarcère à l'instant dans cette véritable oubliette. L'observateur a-t-il découvert une si ingénieuse retraite? S'il cherche avec une épingle à soulever la porte, il éprouve une résistance singulière; c'est parce que l'araignée se cramponne fortement aux soies qui garnissent la surface intérieure de cette porte véritable.»

Je n'ai rien à vous dire, Messieurs, des travaux intérieurs de votre section d'Entomologie qui joint à l'étude des insectes, celle des Arachnides et des Crustacés.s

III. — A la Zoologie des Invertébrés, succède celle des Vertébrés, dont les quatre branches viennent se résumer dans une seule section.

Un cours d'Ichtyologie, proposé à la fin de 1839 par M. le docteur Balzac, a été suspendu après la troisième leçon.

Deux poissons extraordinaires ont été décrits par M. l'abbé Caron. L'un observé en 1816 dans l'Archipel des iles Philippines par M. Fiddingtal, était remarquable par ses énormes dimensions. L'autre avait été rencontré en 1834 dans le golfe de Bengale par M. Foley, lieutenant de vaisseau. Tacheté comme un léopard, il avait la taille d'une baleine, mais une forme toute différente, une bouche très large et une tête qui rappelait par sa conformation celle du lézard. M. Foley s'est demandé si ce n'était point un Plésiosaurus ; mais le poisson observé avait une nageoire dorsale qui n'existait pas dans le genre aujourd'hui fossile auquel on voudrait le rapporter.

M. l'abbé Caron vous a encore parlé d'un Syngnathe présenté à la Société Géologique de Londres par M. Jarrell. Les mâles de cette espèce ont sous la queue une poche dans laquelle ils portent les œufs jusqu'au moment de l'éclosion.

L'Erpétologie a été professée par M. le docteur Balzac. Il a d'abord appelé votre attention sur la singulière différence qui existe dans la forme extérieure des quatre ordres de reptiles ; il a exposé les raisons qui ont porté les naturalistes à les rassembler sous une dénomination commune. Il a fait voir ensuite les particularités physiologiques qui les distinguent des autres vertébrés. Des généralités, il est descendu aux détails, c'est-à-dire à la description des différents ordres et des différents genres.

Un orvet qui avait, disait-on, donné naissance à dix petits vivants, vous ayant été apporté, M. de Balzac vous a alors expliqué la fausse viviparité de certains reptiles.

Enfin, M. le docteur Le Roi a analysé un mémoire de M. Duméril sur les Batraciens.

Dans un cours d'Ornithologie dont MM. le docteur Balzac et Leduc ont eu l'idée de se partager la matière, les deux professeurs ont à peu de chose près, adopté la méthode dont vous venez de voir l'application à l'histoire naturelle des reptiles. Ainsi lorsque M. de Balzac eut terminé tout ce qui a rapport à la conformation anatomique des oiseaux en général, à l'étude physiologique de leurs organes, et à leur distribution zoologique, M. Leduc, passant en revue les ordres, les familles et les genres, a mis sous vos yeux des exemplaires des principaux types et est descendu dans les particularités relatives à leurs caractères distinctifs, à leurs instincts et à leurs mœurs.

Déjà en recevant plusieurs échantillons qui vous étaient envoyés par votre correspondant, M. Baudet Lafarge, vous aviez entendu M. de Balzac énoncer des considérations sur les modifications que subit la forme des oiseaux et qui sont toujours appropriées à leur genre de vie.

Il vous a fait une communication sur le Paon dont M. l'abbé Vandenhecke venait d'offrir un échantillon à la Société.

M. Leduc, en empaillant un perroquet, y avait remarqué une anomalie qu'il s'est empressé de vous signaler. Le système osseux était en partie détruit par la formation de tubercules cérébriformes qui croissaient à la surface. M. le docteur Edwards vous a fait alors observer que cette maladie n'était pas sans exemple dans l'espèce humaine. C'est le Cancer Encéphaloïde.

Un œuf de poule que vous a apporté M. le docteur Noble père, en contenait un autre dont la grosseur était ordinaire. L'intervalle qui séparait les deux coquilles n'était rempli que d'albumine, et l'œuf interne, placé entre l'œil et la lumière, ne paraissait contenir que du jaune.

Dans sa notice sur le Caoutchouc, M. l'abbé Caron avait eu l'occasion de parler des nids de l'hirondelle Salangane à la recherche desquels on emploie des flambeaux de Caoutchouc. Ces nids et les oiseaux qui les construisent, lui ont fourni le sujet d'une nouvelle notice.

Le genre Hirondelle est un des plus riches en espèces, et chaque partie du monde a les siennes. L'Hirondelle Salangane en est une. Elle existe dans la Chine et dans tout l'Archipel de l'Asie. C'est à tort que Linnée l'a désignée par le nom d'*Hirundo Esculenta*, puisque ce n'est pas l'animal, mais son nid que l'on mange. Ces nids sont pour les naturels des pays où on les trouve, tantôt un mets, tantôt un assaisonnement délicieux. La substance dont ils sont composés est gélatineuse, transparente, un peu visqueuse ; mais on en ignore l'origine, et M. l'abbé Caron n'a pu qu'exposer les opinions nombreuses et souvent contradictoires émises par divers auteurs.

Les Salanganes paraissent employer deux mois à la construction de leurs nids. C'est dans des cavernes ténébreuses et profondes qu'ils sont placés. Ils en tapissent les parois et la voûte, et sont artistement disposés par rangées horizontales et parallèles de 17 à 170 mètres de profondeur. Leur récolte, qui a lieu trois fois par an et qui met les Salanganes dans la nécessité de les construire trois fois, est une opération fort dangereuse à cause de la hauteur et de l'obscurité des cavernes dans lesquelles il faut descendre. Un certain nombre de Javanais osent seuls l'entreprendre et s'y habituent dès l'enfance. Elle est précédée de cérémonies religieuses et de pratiques imaginées par l'esprit superstitieux de ces peuples.

Du reste Kampfer rapporte que les Chinois ont trouvé l'art de faire des nids factices et de les vendre pour de véritables nids de Salanganes. Ils les composent de certains ingrédients habilement préparés avec de la chair de polypes.

IV. — Nous arrivons, Messieurs, au degré le plus élevé de l'échelle des êtres, aux Mammifères. La période actuelle s'est ouverte vers la fin d'un cours de Mammalogie, dont l'auteur, M. le docteur Balzac, commençait ainsi à nous faire parcourir la série des animaux vertébrés. Il lui restait, pour compléter ce cours, à traiter de l'ordre des Pachydermes et de celui des Cétacés. En mêlant à la description des genres, l'histoire des mœurs, il a mis au jour plus d'une particularité curieuse. Il en est une qu'il vous présenta sous la forme du doute et qui est contestée par quelques auteurs. C'est le sommeil des baleines à la surface de l'eau. Votre correspondant à la Havane, M. Ramon de la Sagra, qui assistait à la séance, vous a cité des faits qui ont paru résoudre entièrement le problème. Dans un de ses derniers voyages, son navire avait deux fois heurté, pendant la nuit, des baleines endormies, et le capitaine lui avait affirmé que cette sorte d'accidents n'était pas rare.

Plus tard, M. le docteur Balzac, exposant quelques idées générales sur les classifications en histoire naturelle, en a fait une application à la classification des Mammifères. M. Berger et lui se sont tour à tour livrés à des considérations sur l'ordre des Ruminants. M. de Balzac, en outre, vous a lu une notice sur l'Elan. Enfin M. l'abbé Caron vous a fait part des idées de Botta sur les Chameaux, sur l'instinct qui les dirige vers les endroits où ils trouveront de l'eau, sur leur organisation intérieure et sur la propriété qu'ils ont d'engraisser subitement après avoir bu.

Des renseignements intéressants sur le Lama ont été transmis à M. Philippar, par M. Appiau, négociant à Bordeaux. M. Appiau avait reçu du Pérou trois lamas, un mâle et deux femelles. Il les envoya sur son domaine, à une petite distance de Bordeaux. Ils y furent nourris d'herbes et de feuilles d'arbres et d'arbustes, comme les brebis et les chèvres, pendant les trois belles saisons de l'année, et de foin pendant l'hiver.

Ces trois lamas en produisirent six autres dans l'espace de cinq ans. Deux des premiers moururent parce qu'on les avait trop tourmentés; mais les autres, qu'on laissa libres et tranquilles, se conservèrent et profitèrent beaucoup. Plusieurs d'entre eux devinrent plus beaux que ceux du Pérou.

Pendant six ans que M. Appiau a conservé cette petite colonie, il n'a remarqué chez elle aucun symptôme de maladie; mais, vers la sixième année, une chaleur de + 33 degrés lui enleva trois lamas que l'on supposa avoir été étouffés par le sang. Il vendit alors tous ceux qui lui restaient.

Le lama, allongeant et précipitant le pas, peut, lorsqu'il n'est pas trop chargé, faire beaucoup de besogne en peu de temps. Au Chili, au Pérou et dans d'autres pays, il sert de bête de somme, et porte jusqu'à 150 kilogrammes; mais, quand le poids est trop lourd, il se couche, et se tue à coups de tête plutôt que de se relever. Il se porte aux mêmes excès, quand il est trop contrarié; il crache sur ceux qui l'impatientent; sa salive est de la plus grande infection.

M. Appiau pense que la sobriété du lama, sa force et ses produits en rendraient l'introduction avantageuse en France. Cet animal peut s'acclimater facilement dans toutes les contrées de l'Europe, mieux encore dans celles du Nord que dans celles du Midi, et de préférence sur les montagnes, à cause de l'air froid et vif qu'on y respire.

M. l'abbé Caron vous a rappelé que l'essai avait été fait à la Malmaison, il y a un certain nombre d'années.

Du reste, comme votre intérêt avait été particulièrement fixé sur les insectes qu'il importe le plus à l'homme de connaître, il a été principalement aussi appelé sur les espèces de Mammifères dont les services justifient les soins que nous coûte leur éducation. Jusqu'alors il avait été rarement question ici des animaux domestiques, et ce que l'on en avait dit se bornait à une ou deux communications mentionnées dans le dernier compte-rendu. C'était une lacune qu'a comblée M. Berger, en vous faisant un cours sur cette partie de l'histoire naturelle.

Après avoir assigné aux animaux dont il vous entretenait le rang qui leur appartient dans la classification zoologique, il les a rassemblés dans un ordre conforme à leur destination, a défini le mot *race* et a caractérisé séparément chacun des groupes domestiques auxquels ce nom doit être donné. Il n'a omis aucun des détails relatifs à leur éducation, à l'utilité qu'en retire l'économie rurale et domestique et aux produits qu'ils livrent à l'industrie; à leurs maladies et aux opérations qu'on leur fait subir, soit pour les soustraire aux épizooties, soit pour les rendre propres au service et à la nourriture de l'homme.

Il a eu plus d'une fois l'occasion de relever des erreurs accréditées. C'est à tort, par exemple, que l'on accuse le cochon de dévorer ses petits, même lorsqu'il reçoit une nourriture suffisante, et de se repaître de chair humaine. Si ce dernier fait s'est produit, il est exceptionnel et ne tient point à un état maladif. La chair du porc a du reste une qualité moins bonne lorsqu'il a été nourri de matières animales. On se trompe aussi quand on soutient que le même petit tette toujours le même mamelon.

Pour empêcher le cochon de fouir la terre, le professeur a imaginé de lui passer un anneau métallique dans le museau. Ce procédé en rappelle un autre dont M. Berger avait déjà fait une heureuse expérience à l'Institut agronomique de Grignon, lorsqu'il y professait l'art vétérinaire. On sait combien les naseaux du taureau sont sensibles; aprés avoir percé la cloison qui les sépare, on y introduit un anneau de fer auquel on attache ensuite une courroie, et l'animal devient alors si docile qu'un enfant peut le conduire et le maîtriser.

Les races chevalines ont occupé près de la moitié du cours. Les causes de leur diversité et la destination spéciale de chacune d'elles ont été indiquées. L'âne à lui seul en comprend un grand nombre dans son espèce. On en élève dans le Poitou une si belle, que trois ânes, destinés à servir d'étalons, ont été naguère payés 12,000 fr. par le roi de Sardaigne. M. Berger attribue le naturel entêté de cet animal aux traitements trop rudes qu'on lui fait subir dans sa jeunesse. Pour tirer parti du lait de la mére, on sèvre l'ânon de trés bonne heure, et c'est une des causes de la dégénération de l'espèce. Lorsqu'il a été question de l'utilité de l'âne, M. l'abbé Caron vous a rappelé que certains mets préparés avec la chair de l'ânon étaient trés recherchés du temps de François I.er, et qu'on leur attribuait l'obésité historique du célèbre chancelier Duprat.

Les mulets et les jumarts, tout en héritant des qualités de leurs ascendants, ne les reçoivent pas dans une égale proportion. Ainsi, le plus souvent ils tiennent de la mére sous le rapport de la dimension, et du père par les formes et le caractère.

Parmi les races de chevaux, la race Arabe est la seule que l'on puisse considérer comme primitive. Aussi rien ne surpasse les précautions que l'on emploie en Arabie pour constater la provenance des poulains. Elle est établie par un acte officiel dont M. Berger vous a lu la curieuse formule. La race *Kochluni* doit, suivant les Mahométans, son origine à un cheval que montait leur prophète. Une blessure qu'aurait reçue ce cheval serait la cause d'une dépression que l'on remarque en effet sur un des côtés du cou de ses descendans et à laquelle les Arabes donnent le nom de *coup de lance*.

Enfin M. Berger a signalé tous les caractères à l'aide desquels on reconnaît l'âge des quadrupèdes monodactyles et didactyles, et votre gravité n'a pu résister au récit des ruses inventées par les maquignons pour altérer la dentition des chevaux et les faire paraître moins jeunes ou moins vieux.

Ce cours a eu quarante-une leçons.

Il avait été précédé et a été suivi d'un grand nombre de communications sur cette partie de la science rurale et domestique.

Ainsi M. Huot, à la demande de M. Berger, avait pris des notes circonstanciées sur les animaux domestiques des parties de l'Allemagne et de la Russie qu'il venait de parcourir. Il les a mises en ordre et en a fait le sujet d'un mémoire qu'il vous a lu.

Des renseignements étendus vous ont été apportés par MM. Colin, de Ménil-Durand, Berger et Philippar, sur les races bovines de l'Auvergne, de la vallée d'Auge, et sur diverses autres races; sur les chèvres du Thibet, enfin sur la confection et le commerce de plusieurs sortes de beurre et de fromage.

Voici des détails sur la fabrication d'un fromage qui se prépare dans les montagnes du Forez, canton d'Ambert (Puy-de-Dôme) et au canton de Montbrison (Loire). Ils vous ont été donnés par M. Colin.

Le lait est caillé par de la presure en une demi-heure

ou trois quarts d'heure, tandis qu'il possède encore sa chaleur naturelle. Pour en chasser le petit-lait, on brise le caillé avec une rondelle de bois travaillée à jours, emmanchée à son centre d'une tige verticale, et portant comme les poulies une cannelure à sa circonférence. Le petit-lait est ensuite puisé avec une espèce de cuvette formée d'un segment sphérique et portant un manche vertical fixé au centre de la concavité. L'épuisement étant aussi complet que le permet l'instrument employé, l'on détache doucement à l'aide d'un couteau de bois, le caillé, du vase où il s'est formé. Cette matière est alors introduite par petites parties dans un moule où on la pétrit fortement; on sale un peu la couche centrale et les deux bases du fromage; on le laisse dans le moule portant six heures sur l'une de ses bases, et six heures sur l'autre. En le retirant du moule, on le place sur un bois creusé dans sa longueur en forme de tuile, on le retourne plusieurs fois par jour, et l'on attend ainsi que la croûte se soit formée. Le fromage est alors porté à la cave où il reste jusqu'à ce qu'il soit vendu ou assez fait pour être mangé.

Le fromage de Sassenage, vous a dit M. Berger, ne se fait pas à Sassenage même, mais dans des communes qui en sont éloignées de quelques kilom. Sa qualité paraît tenir au mélange du lait de brebis ou du lait de chèvre avec le lait de vache, plutôt qu'à la nature des pâturages et au mode de confection. On distingue trois variétés de ce fromage: la première est expédiée à Paris, à Lyon et même à l'étranger; la seconde est destinée aux villes secondaires du royaume ou consommée dans le pays; la troisième est préférée dans les villes du Midi où elle entre en concurrence avec le fromage de Roquefort.

Une des leçons phytologiques de M. Philippar a mis M. Berger dans le cas de signaler les effets produits par les résidus d'une fabrique de sucre de betterave sur trente bêtes à cornes qu'on en nourrissait exclusivement. Toutes les vaches ont avorté, et de plus une femme qui faisait son principal aliment de leur lait a avorté trois fois dans l'espace de trois ans. Ces faits ont été communiqués par M. Berger à M. Magendie. Cet académicien serait tenté de les attribuer à l'extraction des parties saccharines qui n'aurait laissé à la pulpe de betterave qu'une très petite quantité de substance nutritive. L'exposé de ce phénomène jusqu'alors sans exemple a fait naître parmi vous une discussion intéressante. M. Philippar a parlé de six vaches auxquelles on avait donné pendant trois ans de la pulpe de betterave et qui n'avaient point souffert de ce régime; mais il n'avait point été exclusif, ce qui ôte à l'exemple cité beaucoup de sa force. Les proportions de sucre enlevées à la pulpe, a dit M. Belin, sont loin d'être les mêmes dans toutes les fabriques, de là sans doute une si grande différence dans les qualités de l'aliment.

Une épizootie qui régnait en 1839 à Versailles et dans les environs avait jeté quelque trouble dans les esprits. L'on craignait d'une part que la maladie ne fût contagieuse, et l'on redoutait de l'autre la mauvaise qualité qu'elle pouvait donner au lait. M. Berger, après vous en avoir décrit les caractères et avoir indiqué le traitement qui lui convenait le mieux, s'est livré avec MM. Colin, Labbé et Leduc, à des expériences dont le résultat vous a été communiqué. Vos quatre collègues ont reconnu que les craintes conçues n'étaient point fondées, bien que le lait des vaches attaquées de la *Cocote* (c'est le nom de la maladie) offrit parfois un caractère plus ou moins alcalin. Le même caractère avait été, quoique rarement, remarqué dans le lait des vaches affectées de la maladie vulgairement appelé *Cric* et provenant d'un engorgement de l'organe mammaire sur-irrité. Au contraire le lait des vaches bien portantes, traité par les réactifs chimiques, n'avait jamais présenté que des caractères acides plus ou moins prononcés.

Ces dernières expériences ont été répétées dans plusieurs départements par les correspondants de M. Berger. Faites sur 91 vaches, toutes en santé parfaite, et nourries les unes dans les champs, les autres à l'étable, elles ont produit des conclusions entièrement conformes aux premières.

M. Berger ensuite a entrepris de constater si dans les jours qui précèdent et qui suivent le part, le colostrum est acide ou alcalin. Huit vaches en gestation lui ont fourni une sécrétion plus ou moins acide, et quatre d'entre elles, les seules sur lesquelles il ait poursuivi son examen, donnèrent lieu à la même remarque après la parturition. Mais un fait digne d'attention, c'est qu'une autre vache également pleine, bien portante et bien constituée, ne put donner qu'un colostrum sanguin, boueux, noirâtre, et semblable au sang que l'on rencontre dans la rate des moutons, quand ils succombent à la maladie dite *sang de rate*. Cette sécrétion anormale ne put être éprouvée par le papier de tournesol et n'a offert par le repos ni sérosité ni caillot. Elle est habituelle chez la vache en question à l'approche du part, et fait place aussitôt après à un lait pur et abondant.

Une autre observation de M. Berger me paraît devoir être mentionnée ici. Le poil d'une chienne a notablement changé de couleur pendant la durée d'une gestation, et a repris sa couleur première après l'avortement.

M. Colin a examiné sous le point de vue chimique la météorisation des animaux herbivores, et les remèdes qu'on oppose à cette maladie.

Sept Égagropiles et un Bézoard ayant été trouvés les uns dans la panse d'un veau de deux mois et demi, l'autre dans l'estomac d'un cheval, M. Berger s'est livré à des considérations sur ces pelotes de poils et sur ces concrétions pierreuses qui se forment quelquefois dans les organes digestifs des animaux ruminants et de certains autres animaux.

Il vous a fait un rapport sur un mémoire que vous avait envoyé M. Philippe, autrefois membre de la Société. C'était la dissertation inaugurale de votre ancien collègue pour le grade de docteur en médecine; et l'auteur y comparait la phthisie tuberculeuse et les scrofules de l'homme, à la morve et au farcin du cheval.

La morve, cette maladie si digne de fixer l'attention de la médecine vétérinaire, a plus d'une fois provoqué les recherches de M. Berger.

Il faisait partie d'une commission qui avait été formée au commencement de 1836, par ordre du ministre de la guerre, et qui était présidée par M. le général Wathiez. Cette commission se rendit à l'infirmerie vétérinaire de Pomponne (Seine-et-Marne) où M. Galy, ancien pharmacien de l'école de Paris, faisait depuis 7 à 8 mois des expériences sur des chevaux affectés de la morve. Il employait l'acide chlorhydrique à la dose d'une once et même moins dans deux pintes d'eau, 1.° en l'injectant dans les cavités nasales à l'aide d'un appareil de son invention; 2.° en en frottant les parties malades; 3.° en le mélangeant avec la boisson des animaux soumis aux épreuves. Il avait soin de diminuer ou d'augmenter la dose d'acide, suivant l'irritabilité plus ou moins grande des sujets.

Pour mettre la commission à même d'apprécier l'efficacité des moyens employés par M. Galy, on abattit devant elle deux chevaux regardés, l'un sur-tout, comme guéris. Elle en fit faire l'autopsie avec soin et put se convaincre, que si la guérison était loin d'être complète, il y avait une amélioration notable dans leur état maladif.

Un rapport favorable adressé par la commission au ministre, exprimait le désir que M. Galy fût mis à même de faire des expériences sur un plan plus vaste; l'économie politique y était aussi intéressée que la science et l'économie domestique ; car il est constant que la morve moissonne annuellement dans l'armée pour une somme de 800 mille francs de chevaux.

M. Galy, ajoutait M. Berger, a constaté dans le cours de ses expériences, que cette maladie n'est point contagieuse dans tous les cas, comme on l'a long-temps cru. Cette conclusion avait déjà été énoncée par les écoles vétérinaires et quelques vétérinaires militaires.

Plus tard, M. Berger, consulté par l'inspecteur-général de cavalerie en mission à Versailles, rechercha les inconvénients que pouvaient avoir pour les chevaux de fréquentes manœuvres sur un terrain sablonneux. Il résulterait de ses observations que les particules de poussière, en s'introduisant dans les organes respiratoires des chevaux, affectent la membrane pituitaire et pourraient être une des causes de la morve chronique locale ; mais elles n'occasionneraient jamais la morve chronique générale, comme on le pense dans l'armée, parce qu'elles ne pénètrent point dans les poumons ni dans les bronches. MM. les docteurs Edwards et Noble ont émis à l'appui de cette dernière assertion, des réflexions qui tendaient à prouver que la poussière n'a jamais produit chez les hommes d'affection de la membrane pituitaire ou des poumons.

Depuis, vous avez appris que la morve avait fait irruption sur la race humaine. En en décrivant les symptômes et la marche, M. Berger a distingué trois sortes de morve, *morve chronique, morve aiguë, morve pustuleuse.* C'est la dernière qui est contagieuse pour l'homme. Un palefrenier, cité par M. le docteur Rayer, tomba malade en soignant une jument atteinte de la morve; il mourut au bout de trois jours, et l'examen de son cadavre paraît avoir démontré qu'il a succombé à la morve pustuleuse.

Une leçon de M. le docteur Le Roi sur les phénomènes de l'absorption, a mis M. Berger à même d'exposer quelques considérations sur la transmission de la rage. De nombreuses expériences, qui ont été faites à l'Ecole vétérinaire d'Alfort, et dont votre collègue a été témoin, ont positivement démontré que les animaux herbivores, quoique susceptibles de contracter cette maladie, ne se la communiquent point entre eux et ne la donnent point aux carnivores, même lorsqu'ils les mordent. Il est même probable qu'ils ne sauraient la transmettre à l'homme; mais cette opinion n'a encore pour elle qu'un très petit nombre de faits.

Vous devez encore à M. Berger des explications sur trois chevaux anomaux que l'on montrait à Versailles en 1836, et sur un prétendu cheval chinois que le propriétaire exposait en 1837 à la curiosité publique, et dont la couleur singulière n'était qu'un effet de l'art.

Enfin, dans une communication détaillée sur les chevaux de course, il a exposé les conditions de structure et d'organisation qui sont les plus favorables à leur destination, les moyens à l'aide desquels on les rend propres à la course, les accidents et les maladies auxquels ils sont sujets.

Sous le titre de *Conférences sur les principales races de*

chevaux, M. Maillard a fait une série de leçons où a été développée la dernière partie du cours de M. Berger. Le beau squelette dont vos collections ont été enrichies, il y a huit ans, lui a servi à démontrer la constitution anatomique du cheval. Il a divisé le cheval en quatre parties : 1.° la tête; 2.° le corps proprement dit ; 3.° les membres. Il a ensuite décrit, en les subdivisant, ces parties principales. N'examinant, de l'appareil locomoteur, que les organes passifs, il a comparé le corps du cheval à une voûte qui aurait pour clef la colonne vertébrale et les membres pour points d'appui. La tête serait une espèce de levier qui changerait la direction de la marche par son mouvement ou son inclinaison. Du reste le centre de gravité doit être voisin des membres antérieurs, à en juger par le poids des organes qu'ils ont à supporter. On peut donc les considérer comme les soutiens du corps beaucoup plus que les membres postérieurs, dont l'usage principal est de le projeter en avant. Enfin, il a fait voir que la disposition des membres est analogue à leur destination.

De l'étude de l'ensemble, M. Maillard est passé à celle des races. Une race pour le Naturaliste est une variété d'espèce; en Economie rurale, c'est un ensemble d'individus de même espèce, dont l'organisation a subi des modifications qui se perpétuent par l'hérédité. Ces modifications sont moins dues au climat qu'à la volonté de l'homme qui les obtient par le croisement. Telle est la cause de cette multiplicité de races encore plus grande en France qu'ailleurs. M. Maillard a partagé les races en deux grandes coupes : 1.° la race *Anglaise*, type du cheval léger; 2.° la race *Boulonnaise*, type du cheval lourd et commun. Il a groupé, autour de ces deux races principales, plusieurs races secondaires qu'il a successivement décrites ainsi que les premières.

Quelques-unes de ses assertions ont été combattues par M. Berger.

Ainsi, suivant le professeur, le type du cheval Limousin s'effacerait tellement, que M. Lavigne, vétérinaire de l'Ecole de Saumur, n'en aurait pu trouver qu'un seul individu. M. Berger a assuré, au contraire, qu'il avait vu M. Lavigne acheter non pas un, mais 32 individus de pur sang Limousin; qu'il en avait lui-même acheté plusieurs, et que le vrai type de cette race, quand bien même il serait au moment de se perdre ailleurs, se perpétuerait dans le haras de Pompadour. En effet, l'on y conserve des descendants de la jument du grand Turenne, dans laquelle on pouvait reconnaître le modèle de la race Limousine.

Parmi les vices qui se sont glissés dans l'éducation de la race Normande, M. Maillard a signalé l'usage de castrer les chevaux à un âge trop avancé. Cette castration tardive, a-t-il dit, entraîne plusieurs inconvénients et n'a plus l'avantage de prévenir le *cornage*, maladie à laquelle échappe le cheval castré à l'état de poulain. Cette dernière proposition a été attaquée par M. Berger, qui ne l'a trouvée nullement justifiée. M. Maillard a répondu que, sans chercher à expliquer des effets dont on ignore la cause, il les croyait suffisamment démontrés par l'expérience. Il a d'ailleurs invoqué l'autorité de M. Cailleux, vétérinaire du Calvados, et auteur d'un ouvrage sur l'Elève des chevaux Normands.

M. Maillard a terminé son cours, en répondant à deux questions qui intéressent au plus haut point l'industrie agricole et l'économie politique :

1.° La production des chevaux acquiert-elle de l'accroissement en France? — Oui. Les produits de la France suffisaient autrefois à ses besoins. Mais diverses causes, parmi lesquelles il faut ranger l'extinction du régime féodal, nous ont rendu depuis plus de 300 ans tributaires de nos voisins. Néanmoins, le nombre des chevaux importés diminue, et celui des chevaux nés dans le royaume augmente ; le fait est prouvé par des documents statistiques. Ainsi la France, après avoir tiré de l'étranger pour 30 millions de chevaux dans une année, en reçoit aujourd'hui pour 6 millions seulement, et la plupart de ces chevaux sont des chevaux de luxe. Encore la dépense est-elle compensée par le bénéfice que nous procure la vente de nos mulets. Ces progrès sont dus à plusieurs motifs et entre autres au développement toujours croissant des moyens de communication et de transport.

2.° La production des chevaux Anglais est-elle aussi nécessaire à la France qu'on le suppose et que le prétend sur-tout l'administration des Haras ? — Non. — Chez nos voisins d'outre-mer, la chasse à courre, l'usage des équipages de luxe, la légéreté des voitures, la beauté des routes, rendent le cheval Anglais toujours utile, toujours facile à vendre. Il n'en est pas de même chez nous.

Celle de vos sections qui s'adonne à l'étude spéciale des Vertébrés, n'a qu'un petit nombre de membres, et c'est dans vos séances générales qu'ils se sont communiqué les résultats de leurs observations.

V. — Après avoir successivement parcouru toutes les séries du règne animal, il me reste, Messieurs, à esquisser les travaux qui en embrassent l'ensemble.

Une école de Naturalistes allemands applique en ce moment à la classification du règne animal, un système dont M. l'abbé Caron a fait ressortir la bizarrerie. Les organes des sens dominant chez les mammifères, l'appareil nerveux chez les oiseaux, les muscles chez les reptiles, et les os chez les poissons, deviendraient les caractères distinctifs de chaque classe dont les subdivisions représenteraient ensuite la partie prépondérante des différents appareils. Cette école n'avait encore classé que les animaux supérieurs. La même méthode devait présider à la distribution des autres.

Votre curiosité avait été éveillée par le prospectus d'un ouvrage intitulé : *Ostéographie ou description iconographique comparée du squelette et du système dentaire des cinq classes d'animaux vertébrés, récents et fossiles, par MM. Blainville et Werner.* M. le docteur Le Roi, dans un rapport que vous lui avez demandé, a fait voir les avantages que cet ouvrage ne pouvait manquer de procurer à l'étude des Vertébrés, et la ville, sur votre proposition, s'est déterminée à l'acquérir pour sa bibliothèque.

Vous avez reçu des communications :

1.° De M. le docteur Balzac sur l'Anatomie et la Physiologie comparée de la peau, sur la disposition du système nerveux dans le règne animal, et sur les différences que présente la circulation du sang dans les classes de Vertébrés;

2.° De M. l'abbé Vandenhecke, qui a examiné cette fonction dans les Mollusques et notamment dans l'Ascidie, où sa forme rappelle alternativement celle qu'elle prend chez les poissons et chez les reptiles;

3.° De M. le docteur Le Roi, qui vous a parlé des expériences de M. Magendie, sur le sang.

Les observations microscopiques de M. Mandl avaient souvent occupé la presse scientifique et mérité le suffrage de l'Académie des Sciences. MM. Edwards et de Balzac, que leurs relations avec ce savant mettaient à même de vous servir d'interprètes auprès de lui, le firent consentir à venir lui-même vous entretenir de ses travaux.

Présentant d'abord quelques considérations sur l'emploi du microscope, M. Mandl vous a fait remarquer qu'un seul de ces instruments ne saurait convenir à tous les genres d'observation. Il faut donc déterminer, avant de l'acquérir, quelles sont les recherches auxquelles on le destine, ou bien s'en procurer plusieurs. Des trois microscopes que M. Mandl avait apportés, il en a montré deux, l'un de M. George, l'autre de M. P.***, de Vienne.

Il est ensuite entré dans le détail des observations auxquelles il s'était livré sur les cheveux et sur les poils. Il s'est assuré que les cheveux ne croissent pas seulement par la base, comme on le pense généralement. En effet, lorsqu'on les coupe, leur extrémité supérieure ne tarde pas à reprendre la forme pointue qu'elle avait auparavant.

On s'était de même trompé sur la structure des poils. Ce n'est point un liquide, mais de l'air qui est contenu dans leur tissu cellulaire. Il suffit de plonger un poil dans l'eau pour voir cet air s'en dégager par bulles, et chaque bulle s'entourer d'un cercle noir, signe certain de la présence du gaz qui, en s'échappant du tube capillaire, y est immédiatement remplacé par l'eau. M. Mandl a aussitôt exécuté cette expérience sur les poils d'un Cerf et sur ceux d'un Rongeur, et vous avez en outre reconnu, lorsque vos yeux sont venus tour à tour se fixer sur le verre de son microscope, que ces poils présentaient des différences dans l'arrangement des cellules qui remplissent leurs cavités. Chez le Rongeur, elles sont régulièrement disposées dans la longueur du poil, comme les grains d'un chapelet ; chez le Cerf, au contraire, elles sont sans ordre et placées dans tous les sens. Quant aux poils de l'homme, la moëlle qui paraît en occuper le centre, n'est qu'une série de cellules très rapprochées les unes des autres, et enveloppées de cellules beaucoup plus larges. C'est ce dont vous vous êtes encore vous-mêmes convaincus.

M. Mandl a de plus étudié le sang, dans le but d'établir des caractères seméiologiques et des théories pathogéniques. Les recherches de la chimie sur un sujet qui intéresse autant la médecine, lui ont paru incomplètes sous certains rapports, et sous d'autres fautives. Je désirerais pouvoir le suivre dans l'examen critique qu'il en a fait et dans la relation de ses propres expériences; mais l'abondance, jointe à l'enchaînement des détails, rendrait l'exposé trop long et l'analyse impossible.

Un cours d'Anatomie comparée avait été entrepris par M. le docteur Adolphe Noble. Votre collègue, après avoir successivement décrit les divers appareils, a suivi leurs modifications en remontant tous les degrés de l'échelle animale, et s'est attaché à rendre sensibles les caractères physiologiques qui séparent chaque groupe de tous les autres. Le développement de ces théories a suggéré, à M. le docteur Balzac, quelques réflexions sur le système nerveux des Vertébrés et des Invertébrés, et l'a mis dans le cas de reproduire les idées des naturalistes allemands, et notamment celles de Carus, sur ce que ce physiologiste appelle *Nevrosquelette*, *Corposquelette* et *Dermosquelette*.

Fixant ensuite votre attention sur les organes qui servent de base, dans la méthode de Cuvier, à la classification du règne animal, M. Adolphe Noble a tiré de leurs principales différences autant de classes dont vous n'avez pu étudier les dernières; car le cours n'a pas été continué.

Du reste, il se trouve en quelque sorte fondu dans celui que poursuit en ce moment M. le docteur Le Roi, sous le titre de *Cours élémentaire de Zoologie*, et qui résume tout ce qui vous avait été dit précédemment sur cette vaste partie de la science. Divisant d'abord les corps en corps inorganiques et en corps organisés, et ceux-ci en végétaux et en animaux, M. Le Roi a emprunté les caractères généraux des derniers à leur vie active, à la faculté qu'ils possèdent de se mouvoir, de choisir leurs aliments et de les digérer dans un appareil spécial, enfin au sentiment qu'ils ont de leur existence. Il les a ensuite séparés en quatre grandes coupes, les Vertébrés, les Articulés, les Mollusques et les Rayonnés, appelés aussi Radiaires et Zoophytes.

Il a réduit les fonctions de la vie chez les animaux à quatre, la nutrition, la sensation, la locomotion et la reproduction. La circulation, la respiration et la digestion ne sont que des fonctions secondaires, des subdivisions de la première.

Toutes ces fonctions sont tour à tour examinées devant vous. M. Le Roi, en vous découvrant le mécanisme à l'aide duquel leurs phénomènes s'opèrent, rattache souvent à ses théories des questions physiologiques d'une haute portée.

Des pièces confectionnées en carton-pâte, d'après le procédé de M. le docteur Auzoux, servent à répandre de la clarté sur les détails de la physiologie humaine. De l'homme, le professeur descend graduellement jusqu'aux êtres dont la vie indécise confond les deux règnes de la nature organisée.

Quatrième Partie.

ANTHROPOLOGIE.

I. — La physiologie de l'homme, sans être complétement professée, a été l'objet d'un enseignement spécial. Dans un cours qui n'a pas eu moins de trente-huit leçons, M. le docteur Le Roi a exposé tous les phénoménes de la digestion, de la respiration et de l'absorption.

Il vous a ensuite rendu compte d'un mémoire de M. Guyot sur l'organe du goût, et des observations de M. de Savigny sur les apparences lumineuses. Vous vous rappelez que ce savant académicien, voulant consacrer à la science jusqu'à la cécité à laquelle l'ont réduit ses travaux microscopiques, a étudié les effets que produit encore la lumière sur ses yeux, et a composé à ce sujet un mémoire qu'il a adressé à l'Académie des Sciences.

M. le docteur de Balzac vous a entretenus de quelques idées sur l'érectilité en général, et sur la possibilité de retrouver quelques traces de cette propriété dans plusieurs organes de l'économie humaine, et spécialement dans le cœur.

Un essai sur la mortalité à Strasbourg par M. Boërsch, et une statistique comparative de la durée de la vie selon les conditions, par M. Casper, ont été analysés par MM. le docteur Le Roi et l'abbé Caron. M. Casper a pris dans l'almanach de Gotha mille noms ayant appartenu à des familles nobles et princières, et sur les registres de l'état civil de Berlin mille noms d'individus ayant vécu de la charité publique. Comparant ensuite toutes les époques de la vie de cinq ans en cinq ans, il a reconnu qu'il existait constamment des différences énormes, toutes au désavantage de la classe pauvre, dans les chiffres de la mortalité. A 95 ans, il restait encore onze individus de la première classe, tandis que la seconde n'en comptait plus que deux.

II. — L'Hygiène n'avait jamais été professée dans cette enceinte, lorsqu'au mois de janvier 1836, M. le docteur Rollet entreprit d'en exposer les régles. Mais il fut bientôt aprés obligé de quitter Versailles, où il résidait comme médecin de l'hôpital militaire, et de suivre la nouvelle destination que le ministre de la guerre venait de lui donner.

Quatre ans aprés, M. le docteur Rambaud proposa de faire un cours sur cette science, dont l'importance est trop généralement sentie pour que l'enseignement n'en fût pas vivement désiré.

L'Hygiène étant l'art de diriger les organes dans l'accomplissement de leurs fonctions, il s'agissait d'examiner séparément chaque appareil, et d'indiquer, aprés les causes qui tendent à en suspendre le jeu, les moyens propres à les détourner ou à les combattre. C'est ce qu'a fait votre collègue, en consacrant chaque partie de son cours à une des parties qui constituent le système de notre organisation.

Cette science composant sa spécialité des emprunts qu'elle fait à la plupart des autres et qu'elle applique aux circonstances les plus ordinaires de la vie, est un large cadre où se rassemblent une foule de détails aussi attachants que variés.

Dans l'hygiène de l'appareil digestif par exemple, M. Rambaud, après avoir assigné aux aliments un ordre conforme à leurs propriétés respectives, en a successivement parcouru les différentes classes. La gélatine que Papin et ses successeurs ont retirée des os et qui a, comme aliment, des qualités trés variables, lui a fourni l'occasion de rappeler d'abord les expériences qui ont été faites sur des chiens par MM. les docteurs Edwards et de Balzac et qui ont été le sujet d'un mémoire lu à l'Académie des Sciences, puis celles que M. Edwards a seul effectuées.

Un fait avait été présenté comme douteux. Il s'agissait

d'une vache atteinte de la rage et dont le lait aurait communiqué cette maladie. M. Berger a fait observer qu'une telle propriété ne saurait être attribuée au lait sans être, à bien plus forte raison, reconnue à la morsure : or, la morsure des Herbivores n'est point contagieuse; les expériences de M. Magendie l'ont prouvé. D'ailleurs, a ajouté M. le docteur Noble, la rage doit avoir pour effet, comme toutes les maladies aiguës, de suspendre la sécrétion laiteuse.

M. Rambaud avait paru nier ou révoquer en doute l'existence du beurre dans le lait de femme, en présentant comme anormal un fait qui aurait pu servir à la confirmer. Mais M. Colin a fait observer que le lait de femme, aussi bien que les autres, contient, en plus ou mois grande quantité, une matière grasse, huileuse, renfermant les mêmes principes que le beurre, et à laquelle il serait difficile d'en refuser le nom.

En s'étendant sur le danger des champignons vénéneux, le professeur a mis M. Eugène de Boucheman à même d'en indiquer les principaux caractères et de faire connaître les champignons que l'on peut manger sans inconvénient.

A l'hygiène des organes respiratoires, se rapportent tous les appareils imaginés, soit pour modifier l'action de l'air sur les poumons dans l'état maladif, soit pour préserver de l'asphyxie les ouvriers qui travaillent dans les mines ou sous l'eau. Plusieurs de ceux qui vous ont été décrits, étaient nouveaux ou peu connus.

Elle peut s'approprier aussi les résultats des belles expériences qui ont été faites sur l'air atmosphérique. M. Colin a donné, sur l'ascension aérostatique de M. Gay-Lussac, des renseignements qu'il tenait de ce savant lui-même. M. Gay-Lussac, en s'élevant jusqu'à la hauteur de 7,000 mètres, n'a pas éprouvé d'accident grave, mais a ressenti une grande difficulté à respirer. Des pigeons lancés de la nacelle n'ont pu se soutenir dans ces régions élevées, et sont tombés jusqu'à des couches où ils ont trouvé un air assez dense pour qu'ils pussent voler.

Une foule de causes contribuent à altérer la pureté de l'air, en le chargeant de gaz impropres à la respiration. De toutes ces causes, l'éclairage au gaz est peut-être celle qui soulève les questions les plus intéressantes par leur actualité et par leur relation avec l'économie domestique et la police administrative. M. Rambaud en proscrit l'usage dans les lieux fermés, ou voudrait du moins que les produits de la combustion fussent projetés au dehors.

Les latrines aussi sont sujettes à compromettre la santé par les exhalaisons qui s'en échappent et par des infiltrations qui, trop souvent, empoisonnent l'eau des puits. En insistant sur les précautions qu'elles exigent, M. Rambaud a recommandé l'usage des fosses mobiles inodores, qu'un fâcheux préjugé repousse, quoiqu'elles aient, a-t-il dit, beaucoup d'avantages sur les fosses ordinaires, et notamment celui d'occasionner des frais vingt fois moins considérables.

Enfin, les routoirs ont l'inconvénient de vicier le fluide atmosphérique par la décomposition des matières organiques. On serait d'autant plus intéressé à les faire disparaître, que des procédés mécaniques, substitués à la macération du chanvre dans l'eau, ont procuré des fils de meilleure qualité. Ici l'opinion du professeur n'a pas été entièrement partagée par M. Colin. Ce dernier doute que le routoir puisse être avantageusement remplacé par l'action mécanique. Si l'on n'en a pas toujours obtenu le succès qu'on pouvait en attendre, ne serait-ce pas à la nature des eaux qu'il faudrait l'attribuer? Ainsi, M. Colin s'est assuré par ses propres expériences, qu'une eau très lentement renouvelée est préférable à une eau dormante ou s'écoulant rapidement.

Dans la partie qui comprend l'hygiène de la peau, M. Rambaud a principalement discuté l'effet des bains et la nature des maladies dites contagieuses.

Le bain est l'immersion du corps, non-seulement dans l'eau, comme on l'a dit, mais dans un milieu qui n'est pas le milieu atmosphérique. C'est à tort qu'on accuse J.-J. Rousseau d'avoir conseillé de plonger tout d'un coup les enfants dans l'eau froide; il veut que le bain, tiède d'abord, soit refroidi de jour en jour.

On donne souvent le nom de contagion à des maladies qui ne se propagent point par le contact. La peste n'était point connue en Égypte, avant qu'on y eût substitué la coutume d'enterrer les morts à celle de les embaumer; telle est du moins l'opinion qui a été émise par M. Pariset, et que le professeur a reproduite, mais qui a été combattue par M. Eugène de Boucheman : ce dernier vous a fait observer qu'au temps où l'embaumement était en usage chez les Égyptiens, ils n'étaient pas plus exempts de la peste que les autres peuples. La lèpre n'est point contagieuse, c'est un fait accepté par la science et même par la loi qui affranchit aujourd'hui les lépreux de ces mesures tyranniques auxquelles ils étaient autrefois soumis. Beaucoup de maladies, autrefois rangées dans la classe des contagions, sont aujourd'hui comptées parmi les épidémies. Aussi M. Rambaud s'est-il élevé contre ce système de séquestre et de quarantaine que le préjugé protége encore, et qui, toujours inutile, est quelquefois barbare.

Je dois rapporter à l'Hygiène une notice que vous a lue

M. le docteur Rollet sur les effets de l'alimentation insuffisante qui résulte de la qualité de certains aliments.

III. — A l'Hygiène, qui prévient les maladies, doivent succéder la Pathologie, qui les étudie, et la Thérapeutique qui s'occupe de les guérir.

Le maître d'un chien qui paraissait malade de la rage, avait chargé son fils de le conduire au vétérinaire. L'animal n'était pas muselé; l'enfant fut mordu et confié aux soins de M. le docteur Rambaud. Ce traitement mit votre collègue dans le cas de faire plusieurs remarques qu'il est venu vous communiquer. Parmi les conclusions qu'elles lui fournirent, il en est deux qui renverseraient des opinions généralement reçues. La première, c'est que l'homme attaqué de la rage ne mord pas, ou du moins ne mord qu'influencé par la fausse conviction qu'il s'est formée sur les effets de la maladie. La seconde, c'est qu'il ne crache pas; mais que l'on confond avec la salive une sécrétion mousseuse qui s'écoule alors par la bouche. M. Rambaud a cité en outre des exemples qui prouveraient que le chien boit, et qui détruiraient encore un préjugé universellement répandu.

A ces détails, M. le docteur Noble père est venu en ajouter d'autres. Il s'est attaché à démontrer que l'hydrophobie ne saurait être le signe pathognomonique de la rage, et que ce phénomène se manifeste dans d'autres maladies. Le vrai caractère de celle-ci, c'est, avec une loquacité et une agitation continuelles, une physionomie particulière et qu'il serait impossible de définir. Jamais, en pareil cas, il n'a reconnu chez ses malades, de tendance à nuire: mais il les a vus témoigner pour les liquides une répugnance qu'il est parvenu à vaincre à l'aide de certaines précautions. C'est sur-tout la partie supérieure et postérieure des poumons qui est gorgée de sang.

La congestion a lieu aussi sur la pie-mère qui tapisse la moëlle épinière, circonstance qui donne à la rage quelque ressemblance avec le choléra.

Un habitant de nos environs emploie, contre la rage, un médicament dont il tient la composition secrète, et qui produit, assure-t-on, les effets les plus heureux. Quelque défiance que doivent inspirer ces recettes mystérieuses dont le charlatanisme se sert trop souvent pour exploiter la crédulité publique, celle-ci causait autour de vous une préoccupation assez forte pour qu'elle ne fût pas écartée de vos discussions. Elle a donc été tour à tour attaquée et défendue dans cette enceinte par des membres qui appuyaient leur opinion sur des faits plus ou moins évidents. Il vous parut alors utile qu'une Commission examinât le traitement en question et en constatât soigneusement les effets. Mais les cas d'observation sont heureusement trop râres pour que le rapport de vos collègues ne soit pas attendu long-temps.

Une maladie moins effrayante peut-être, mais plus répandue que la rage, avait également résisté jusqu'ici aux efforts de la médecine : je veux parler de l'Epilepsie. M. le docteur Noble père se rappela qu'on la traitait dans l'Inde par la racine de l'Indigotier, et ne pouvant se procurer cette substance, il eut recours à l'Indigo, qu'il administra intérieurement. Sur 32 épileptiques qui ont été soumis au traitement, et dont la plupart semblaient n'avoir aucun soulagement à espérer, 8 peuvent être considérés comme complètement guéris, puisqu'ils n'ont éprouvé dans l'espace de plusieurs années aucune récidive; 20 ont obtenu une diminution très notable dans l'intensité et dans la fréquence des accès, et 4 seulement n'ont point vu leur état sensiblement modifié.

Appliqué à la Chorée, il a eu des succès plus grands encore : car des 14 malades qui l'ont subi, aucun n'a eu de rechute.

Non content de ces essais, M. Noble a voulu en tenter d'autres. MM. Colin et Labbé s'occupaient alors d'un travail sur les produits du Polygonum Tinctorium, et M. Labbé avait préparé un extrait avec le suc épaissi de cette plante. Cet extrait, M. Noble le substitua à l'Indigo, employé dans les mêmes maladies : il eut, dans la Chorée sur-tout, des effets aussi rapides et plus efficaces encore. Il donna lieu du reste aux mêmes phénomènes ; les urines et même les selles des malades prenaient une teinte bleuâtre ou verdâtre.

M. Noble poursuit, à l'hopital civil de Versailles, l'emploi thérapeutique de cette matière, dont l'administration est beaucoup plus facile et sera moins dispendieuse que celle de l'indigo.

La Phloridzine, que votre correspondant, M. de Koninck, a le premier extraite de l'écorce de la racine de pommier, a été aussi expérimentée par la thérapeutique. Elle a souvent remplacé avec avantage le sulfate de quinine dans le traitement de fièvres intermittentes. MM. les docteurs Noble père et Maurin vous ont cité plusieurs exemples de son efficacité comme fébrifuge, et elle a procuré deux fois à M. le docteur Vitry des résultats non moins satisfaisants.

On sait que le Strabisme, cette infirmité qui rend les yeux louches, est due à la contraction excessive qu'éprouvent un ou plusieurs des muscles moteurs de l'œil, et qui en force le globe à prendre une position anormale. On a entrepris de le guérir, en coupant les muscles dont l'action est plus forte que celle des autres. M. Le Roi vous a décrit les divers procédés employés par MM. les docteurs Amussat, Baudens et Guérin, qui tous trois pratiquent cette opération.

Le bégaiement, lorsqu'il met le sujet dans l'impossibilité de se faire entendre, mérite aussi de fixer l'attention de la science. Attribué à différentes causes, et entre autres à un état convulsif de l'organe de la voix, il a donné lieu à plusieurs essais successivement tentés pour le faire disparaître. Ainsi, à Berlin, M. Dieffenbach, afin de diminuer la longueur de la langue, fait la section de la racine. A Paris, MM. Amussat et Baudens coupent les muscles génioglosses, qui jouent, suivant eux, le plus grand rôle dans l'articulation des mots.

Les détails que vous a donnés à ce sujet M. Le Roi ont été suivis d'une discussion sur un passage de Cicéron cité et commenté par M. le docteur de Balzac [1] :

La section dont il est question dans ce passage, serait, suivant M. de Balzac, celle du filet de la langue; mais il s'agirait, suivant M. l'abbé Caron, d'une opération pratiquée pour guérir le bégaiement. De plus, M. de Balzac a vu dans les expressions de l'auteur latin, la preuve que l'on ne doit point attribuer au bégaiement l'infirmité contre laquelle Démosthènes a lutté avec tant de persévérance, et qu'elle était l'effet d'un simple grasseyement. M. Belin, de son côté, a cherché à démontrer, par la lec-

[1] *Quid? Illud-ne dubium est, quin multi, quùm ita nati essent, ut quædam contra naturam depravati haberent, restituerentur et corrigerentur ab natura, quùm se ipsa revocasset, aut arte aut medicina? Aut quorum linguæ sic inhærerent, ut loqui non possent, eæ scapello refectæ liberarentur? Multi etiam naturæ vitium meditatione atque exercitatione sustulerunt; ut Demosthenem scribit Phalereus, quùm* Rho *dicere nequiret, exercitatione fecisse, ut planissime diceret.* (de Divinatione. lib. II, XLVI.)

ture et l'explication d'un passage de Celse (*liv.* VII. — 4), que l'on pratiquatit dans le premier siècle de notre ère, la section des muscles de la langue pour faciliter l'usage de la parole.

Je dois encore mentionner ici :

Le compte-rendu d'un mémoire que M. Charles Petit, votre correspondant et médecin des eaux de Vichy, avait composé sur l'action bienfaisante de ces eaux contre les calculs urinaires et la goutte. (M. Le Roi.)

L'examen d'un autre mémoire dont l'auteur, M. Deshais, analysait le traité du docteur Turck sur la goutte et les maladies goutteuses, expliquait les causes de ces maladies et indiquait le traitement qu'il croyait leur convenir. (M. Belin.)

Une note sur les Hémorrhagies. (M. Brame.)

Les communications que vous ont faites MM. les docteurs Rambaud et Le Roi sur la doctrine Homœopathique. Le premier vous a donné connaissance d'un article inséré par M. Pelletan dans un journal de Paris, et d'une réponse qu'il se proposait de publier. Le second vous a lu une note intitulée : *Quest-ce que l'Homœopathie?*

Enfin il résulte des remarques de M. le docteur Noble, sur les maladies qui ont été traitées pendant les deux derniers hivers à l'hôpital civil de Versailles, que le premier hiver a produit beaucoup de fluxions de poitrine, et que le second, à la fois plus rigoureux et plus sec, a engendré peu de pleurites et de pleuro-pneumonites. Mais à dater du 1.er avril, ces maladies devinrent plus nombreuses.

IV. — Plusieurs Membres de la Société lui ont signalé dans ses séances des faits anormaux ou remarquables, qu'ils avaient été à même d'observer.

1.° M. le docteur Boucher. — Après avoir inutilement tenté de s'inoculer le virus de la vaccine, à cinq ou six reprises différentes, il s'écorcha par mégarde la main, sur l'articulation du pouce et du métacarpien correspondant, avec une lancette chargée de vaccin de Passy. Il se forma alors dans cet endroit une pustule dont la marche fut parfaitement régulière. Ce fait lui a fourni l'occasion de signaler l'intensité extraordinaire du développement de ce vaccin; il conseille de se borner, quand on l'emploie, à un petit nombre de piqûres.

2.° M. Belin. — Les journaux de Paris racontaient qu'une femme bien portante avait été un mois entier sans prendre de nourriture. Ce fait mériterait assurément la publicité, s'il était vrai; mais M. Belin vous l'a rapporté avec les marques d'une incrédulité que vous avez paru partager.

3.° M. le docteur Balzac. — Après une asphyxie par submersion, l'autopsie constata la présence de la vase dans les dernières ramifications bronchiques.

4.° M. le docteur Noble. — Une femme atteinte d'une hépatite aiguë, à la suite d'une couche, mourut à l'hôpital de Versailles. L'examen du cadavre fit reconnaître qu'une tumeur s'était développée à la face concave du foie. Cette tumeur renfermait une matière blanchâtre, visqueuse, et paraissant contenir des vésicules à longues mailles. L'on a trouvé dans le foie plusieurs foyers remplis d'une matière analogue à la première, mais verdâtre comme la bile; et dans le grand lobe de ce viscère, un autre foyer dont le contenu était d'un très beau vert.

A la suite d'un empoisonnement par l'acide sulfurique, la membrane de l'estomac, légèrement perforée, était colorée, non en noir, mais en gris-cendré; le voile du palais avait une teinte moins foncée; le foie décoloré semblait avoir été soumis à la cuisson.

Une arête de poisson, après avoir séjourné vingt-sept

ans dans les organes d'un malade, en est sortie par une fistule anale.

Vous devez encore à MM. Noble et de Balzac deux communications sur une respiration intra-utérine et sur une transmission de bec-de-lièvre dans deux générations.

Enfin M. Le Roi vous a donné des explications détaillées sur un phénomène tératologique qui a répandu, en 1838, une sorte de célébrité sur une commune de notre département. L'enfant bicorps de Prunay-sous-Ablis a trop occupé la presse périodique, pour que je croie nécessaire de suivre votre collègue dans la description qu'il vous en a faite. Je vous rappellerai seulement que M. Le Roi, après avoir été lui-même sur les lieux, et s'y être livré à des observations consciencieuses, a rectifié quelques erreurs qui s'étaient glissées dans la relation publiée par M. Geoffroy-Saint-Hilaire. Ainsi les quatre pieds n'étaient point difformes, comme l'avait avancé le savant académicien; l'enfant avait deux pieds-bots d'un côté seulement. On ne lui avait pas donné de nourrice; mais on continuait à le nourrir au biberon. En terminant son récit, M. Le Roi est remonté aux causes de cette monstruosité, et a exposé les idées des savants sur l'embryogénie.

V. — Depuis la clôture de son cours de Phrénologie, M. le docteur Le Roi a trouvé dans ses observations cranioscopiques de nouvelles preuves en faveur des théories qu'il avait professées.

Il vous a fait voir que les crânes de Lacenaire, d'Avril et de Fieschi avaient une conformation qui s'accorde avec la biographie de ces hommes si malheureusement célèbres.

M. Colin, après un voyage qu'il venait de faire dans un

de nos départements, déposa sur le bureau le squelette d'une tête, et en demanda l'examen phrénologique. M. Le Roi, sans se dissimuler les difficultés de cette tâche et les dangers de l'épreuve que la science allait subir, répondit à l'appel qui lui était adressé. Vous avez trouvé ses conjectures tellement conformes aux documents qui ont été ensuite envoyés à M. Colin, que vous avez cru devoir admettre le mémoire de M. Le Roi parmi ceux qui composent ce recueil.

Vous vous rappelez, Messieurs, que Gall a placé l'organe du langage à la partie inférieure et antérieure du lobe du cerveau, par conséquent derrière le globe oculaire qu'il tend ainsi à projeter en avant. M. Bouillaud, après avoir soutenu dans un premier mémoire la décision du célèbre physiologiste, l'avait étayée de 78 observations qu'il consigna dans un nouveau mémoire, et de conclusions qui furent défendues à l'Académie de Médecine par quelques membres et vivement attaquées par d'autres. M. Le Roi vous entretint alors de deux faits pathologiques qu'il avait autrefois observés. Il s'agissait d'une femme qu'une attaque d'apoplexie, en jetant le trouble dans ses facultés intellectuelles, avait particulièrement privée de la mémoire des mots, et d'un homme à qui elle avait été pareillement enlevée par une chûte. Dans le premier cas, l'ouverture du cadavre et l'examen du point considéré comme le siége de la faculté, confirmèrent l'assertion de Gall ; dans le second M. Le Roi appliqua les sangsues sur la partie la plus voisine de l'organe; elles calmèrent aussitôt la douleur que le malade y ressentait, et rendirent à sa mémoire l'activité qu'elle avait perdue.

En vous parlant d'un mémoire de M. Dubreuil, de Montpellier, sur les têtes des diverses races humaines, et du compte qu'en avait rendu M. Flourens à l'Académie des Sciences, M. Le Roi a principalement insisté sur un fait qu'il avait eu déjà l'occasion de vérifier. C'est que le trou auriculaire se rapproche d'autant plus de la partie postérieure de la tête, que l'intelligence est plus développée. Cette loi, qu'il faut du reste borner aux races, sans l'étendre aux individus, M. Berger en a fait ensuite l'application aux chevaux.

D'autres considérations ont été inspirées à M. Le Roi par un mémoire sur l'application de la Phrénologie à l'étude des races humaines.

VI. — Enfin, Messieurs, je terminerai ce chapitre en vous rappelant la communication que vous a faite, pendant sont court séjour parmi vous, votre correspondant M. Ramon de la Sagra, sur les améliorations que l'on a fait subir, dans les Etats-Unis d'Amérique, à l'impression des livres destinés aux aveugles. L'on a modifié la conformation de certaines lettres; l'on a substitué des formes anguleuses ou une double courbe, aux courbes simples qui pouvaient être aisément confondues au toucher. Les lettres qui se prolongeaient hors de la ligne, ont été réduites; l'on a ainsi obtenu des interlignes plus étroits, une grande économie de papier et des livres moins volumineux. Votre correspondant vous a fait voir un exemplaire imprimé à Boston d'après ce système.

Cinquième Partie.

Chimie.

I. — Votre section de Chimie a constamment suivi la marche qu'elle s'était tracée dès l'origine. Pendant les six mois de la mauvaise saison, elle a consacré les soirées du mercredi à des cours que leur développement ne permettait pas de renfermer dans les limites de vos séances ordinaires et dont les frais ont été presque toujours couverts par le produit d'une modique souscription. Les deux heures destinées aux leçons ont été tantôt occupées par la Chimie inorganique seule, tantôt partagées entre la Chimie inorganique et quelque autre branche de la science. Ainsi de 1835 à 1839, M. Colin a successivement professé l'analyse chimique, la Chimie appliquée aux arts et les diverses branches de la Chimie organique; et l'autre cours dont il était ordinairement chargé fut fait par MM. Brame et Belin.

L'hiver dernier, aucun membre de la section de Chimie n'ayant cru pouvoir donner à cet enseignement l'assiduité nécessaire, M. Colin vous a proposé de le confier à son fils, M. Auguste Colin. Son offre a été acceptée avec reconnaissance, et vous avez vu alors le père, professeur à l'école royale de Saint-Cyr, et auteur de plusieurs découvertes qui ont contribué aux progrès de la science, reprendre auprès du jeune professeur, les fonctions de préparateur qu'il avait, dans le commencement de sa carrière, remplies à l'école Polytechnique et au collége de France auprès de MM. Gay-Lussac et Thénard.

Vous aviez prié M. Colin de faire dans vos séances ordinaires une série de communications qui servissent d'introduction à l'étude de la Chimie et aux leçons plus étendues du mercredi. Il a rempli le vœu qui lui était exprimé en exposant les lois expérimentales de la science, la théorie des équivalents chimiques, et la théorie atomique à laquelle il a appliqué les lois de l'isomorphisme et de l'isomérie.

Quelque temps auparavant, il vous avait spécialement entretenus de l'isomérie, cette loi singulière d'après laquelle deux corps formés de molécules élémentaires et identiques, diffèrent par les phénomènes auxquels ils donnent lieu; puis de l'érémacausie : c'est le nom que donne le chimiste allemand, M. Liébig, au changement de couleur, à l'altération progressive et à divers autres phénomènes qui se produisent, lorsque certaines substances sont soumises au contact de l'air dont elles absorbent lentement l'oxigène.

Il vous a de plus fait connaître la notation proposée par M. Liébig, pour indiquer les différentes réactions chimiques que manifestent les corps lorsqu'on les mélange.

M. Gaudin vous a exposé un système qu'il venait de composer sur l'arrangement des atômes.

Il a d'abord défini l'atôme *un sphéroïde massif et indivisible*, et la molécule, *un groupe d'atômes qui est l'essence d'un corps cristallisable ou volatil*.

Tout le monde connaît l'ouvrage d'Haüy sur la forme et le groupement des molécules, ouvrage tout géométrique et par conséquent établi sur une base impérissable. Depuis, ce qu'Haüy avait fait pour les molécules, on l'a essayé pour les atômes, et c'est M. Ampère qui nous a ouvert cette nouvelle carrière, en publiant ses idées ingénieuses sur la manière d'être des atômes dans l'espace et sur leur mode d'agrégation. Le premier, il a imaginé les atômes à distance, produisant la chaleur et la lumière par leurs oscillations et formant des polyèdres en prenant pour leurs arêtes les lignes droites menées d'un atôme à l'autre. Ce système repose sur un principe fondamental, c'est que *la forme d'une molécule quelconque résulte toujours de la forme des molécules composantes*. Mais ce principe, M. Gaudin ne l'admet pas. Suivant lui au contraire, une molécule quelconque résulte toujours *des atômes mis en commun et ne conservant aucune trace de leur disposition antérieure.* Ce changement s'accomplit pendant la combinaison, espèce de chaos ou d'anarchie dans le mouvement des atômes, où l'auteur conçoit, outre les oscillations de M. Ampère, des orbites elliptiques très excentriques que parcourent les atômes les uns autour des autres avec une telle vélocité qu'un seul peut en parcourir des millions dans l'espace d'un millionnième de seconde. Ces orbites deviennent rapidement circulaires par la résistance de l'éther, dont l'ébranlement produit la lumière, la chaleur et les phénomènes électriques.

D'après ce système, les molécules sont linéaires, planes ou polyédriques ; ces dernières, qui sont les plus communes, consistent en doubles pyramides régulières, et d'autres fois en prismes ou en cubes. Les doubles pyramides ont un axe, une table ou équateur, et plusieurs plans principaux ; la table est la base de la double pyramide. Dans une molécule, M. Gaudin conçoit une symétrie parfaite quant à la nature des atômes et à leurs dispositions par rapport à l'axe et à la table.

Il a ensuite montré comment il groupait les molécules en cristaux, en donnant une explication toute nouvelle de la génération du rhomboèdre de clivage du carbonate de chaux, et du prisme rhomboïdal oblique du feldspath.

Quoique résidant à Paris, votre correspondant M. Barreswill, est venu plusieurs fois vous apporter soit les nouvelles scientifiques qu'il avait été à même de recueillir, soit les résultats de ses propres expériences. Il s'agira seulement ici de deux appareils qui venaient d'être inventés et dont la description est encore inédite au moment où je parle.

Le premier est un laboratoire à atmosphère artificielle. Il se compose d'une cage de verre à deux portes.

Dans cette cage, qui figure assez bien une cage de balance, on dispose tout ce qui est nécessaire aux expériences qu'on se propose d'exécuter. Des ouvertures ménagées permettent d'en remplacer l'atmosphère par une atmosphère d'hydrogène ou d'acide carbonique, à l'aide d'un appareil analogue au briquet de M. Gay-Lussac. Aux deux portes, l'on a ajusté deux gants en peau de vessie dont les jointures sont lutées avec soin. C'est en s'introduisant dans ces gants que les mains pénètrent au milieu de l'appareil, et il est alors facile d'opérer sans laisser le moindre accès à l'air extérieur. Des gants semblables collés aux carreaux d'une fenêtre de laboratoire, permettraient de manipuler sans danger des substances délétères et des insectes nuisibles.

Le second est un fourneau évaporatoire. Il est formé de deux pièces et de trois compartiments, l'étuve, le cendrier et le foyer : 1.° l'étuve, boîte ronde dont tout l'ensemble est en terre, et dont la partie supérieure peut seule être en porcelaine. Dans la paroi circulaire, se montre une ouverture à laquelle est adapté un petit tuyau. En face de cette ouverture est la porte de l'étuve ; 2.° le foyer et le cendrier, seule et même pièce. Le cendrier a pour plancher la paroi supérieure de l'étuve ; le foyer garni d'un tuyau qui est appliqué sur la paroi latérale et dans lequel est engagé le petit tuyau de l'étuve, a pour couverture un têt en terre ou en tôle qui sert de bain de sable.

Ce fourneau est destiné à l'évaporation des solutions qui occasionneraient des soubresauts. On peut au reste y suppléer en plaçant la capsule dans le laboratoire d'un fourneau à réverbère et en le recouvrant d'un poêlon de terre rempli de charbons ardents.

II. — De ces généralités, je vais passer, Messieurs, aux

différentes branches de la science, et parcourir successivement tout ce qui a rapport à la Chimie inorganique, à la Chimie organique et à la Toxicologie.

Voici le résumé des nombreuses communications que la Chimie inorganique a fournies à M. Colin.

1.° Votre correspondant, M. Kuhlmann, examinait, dans un mémoire qu'il vous avait envoyé, quelle est l'origine de l'azote qui entre dans la composition du salpêtre. Deux opinions partageaient à ce sujet les chimistes. La première, soutenue de l'autorité de M. Gay-Lussac, attribue cet élément à la présence des matières animales; la seconde, défendue par M. Longchamp, le tire de l'atmosphère. Celle de M. Kuhlmann tendrait à concilier les deux autres.

En effet, tout en puisant dans l'air les éléments constitutifs de l'acide azotique du salpêtre, M. Kuhlmann croit leur combinaison due à la réaction de l'ammoniaque produite par la décomposition des matières animales. Cette base alcaline ajouterait même à l'azote de l'air, le supplément d'azote indispensable pour achever de constituer l'acide. Mais de plus l'auteur juge nécessaire qu'elle intervienne encore pour transporter sur les bases nitrifiables l'acide nouvellement formé.

Cette théorie est appuyée sur un certain nombre d'expériences auxquelles M. Kuhlmann s'est livré et qui toutefois ne lui paraissent pas encore suffisantes pour l'établir complétement. Elles lui ont du reste procuré plusieurs résultats importants. Tels sont entre autres ceux qu'il a obtenus en faisant passer des courants de gaz ou de vapeurs sur de l'éponge de platine, et qui ont étendu l'emploi de cette substance dont le rôle était auparavant si borné.

2.° Suivant M. Millon, auteur d'un mémoire qui venait

d'être lu à l'Académie des Sciences, les Chlorures d'alcalis, considérés par M. Ballart comme des hyperchlorites, seraient des composés correspondants aux peroxides dans lesquels tout l'oxigêne qui s'ajoute au protoxide pour constituer l'oxide supérieur, serait remplacé par son équivalent de chlore. M. Millon proposait de donner à ces composés le nom *d'Oxido-Chlorures*. C'est par des considérations du même genre que le bichlorure d'hydrogène obtenu par M. Millon qui a fait agir de l'acide chlorhydrique sur les peroxides de plomb et de bismuth à une très basse température, devrait être regardé, dans la série des composés du chlore, comme analogue au bioxide d'hydrogéne.

3.° D'aprés les expériences de M. Berzélius qui avait déterminé le poids de l'atôme de carbone, on croyait pouvoir, à 2 milliémes prés, garantir l'exactitude des résultats analytiques.

Mais de nouvelles et nombreuses expériences faites par divers chimistes et dans lesquelles la somme dépassait toujours la quantité de matière employée, ont déterminé MM. Dumas et Piria à en entreprendre d'autres.

Selon M. Berzélius, le carbone était à l'oxygéne dans le rapport de 800 à 306. MM. Dumas et Piria ont reconnu que le rapport devait être de 800 à 300.

Ces chimistes ont apporté quelques modifications à la manière d'opérer les analyses organiques. Ainsi ils ont triplé la dose sur laquelle on agissait et qui n'était que d'un demi-gramme ; puis ils ont employé divers tubes contenant soit de l'acide sulfurique concentré, soit du chlorure de calcium.

4.° M. Langlois, professeur à Strasbourg, obtient l'acide hyposulfureux, en traitant un hyposulfite concentré par l'acide hyperchlorique. L'hyperchlorate formé se dépose.

et l'acide hyposulfureux resté en dissolution est concentré dans le vide. Il est sans action sur les sels de chaux, de strontiane, de fer, de zinc et de cuivre, et précipite ceux de plomb, d'argent, de mercure et de platine. M. Persoz est aussi parvenu à l'isoler, en décomposant un sel de plomb par l'hydrogène sulfuré.

5.° Plusieurs fois déjà on était arrivé à liquéfier l'acide carbonique par une pression équivalant à celle de 30 atmosphères, lorsqu'à l'aide d'un moyen aussi simple qu'ingénieux, M. Thilorier parvint à des résultats qu'on n'avait pas encore obtenus.

En faisant agir l'acide sulfurique sur le bicarbonate de soude dans des prismes de fonte très résistants, et en accumulant dans ce petit espace le gaz qui se dégage, il le force à prendre la forme liquide et s'en procure ainsi une très grande quantité. Puis il le fait passer à l'état solide par le froid qui résulte de son expansion.

Ainsi solidifié, l'acide carbonique est un corps blanc, neigeux et n'offrant aucune trace de cristallisation. Il est tellement poreux que l'on peut sans ressentir la moindre souffrance en tenir de petites quantités entre les doigts. Mais lorsqu'on l'y comprime, les points de contact se multiplient, et l'on éprouve la sensation que produirait un froid très rigoureux. Mis sur la langue, son action finit par être légèrement brûlante ; il n'agace point les dents. Il ne tarde pas à congeler le mercure qu'on y ajoute, et l'on peut ainsi solidifier aisément de notables quantités de ce métal et l'étendre sous le marteau ou le mouler en médailles. Un mélange d'acide carbonique neigeux et d'éther fait descendre le thermomètre à alcohol à — 85°.

Plusieurs membres de la Société avaient assisté, au mois de décembre 1836, aux belles expériences de M. Thilorier, et les détails que M. Colin vous a donnés étaient le fruit de cette visite.

6.° En rappelant les travaux de Vauquelin sur les marnes, il a fixé votre attention sur celles du Calvados.

Ces marnes, qui contiennent depuis 50 jusqu'à 70 pour cent de carbonate de chaux, conviennent fort bien au sol de la Normandie dont l'élément principal est l'argile. On les trouve à une profondeur de 30 à 33 mètres. Elles s'étendent en couches qui ont de un à trois mètres d'épaisseur et que traversent souvent des lits de silex noirâtres. On y voit à la loupe des grains noirs ou verdâtres en grande partie composés de protoxide de fer, des détritus de mica, des grains de quartz et d'autres grains provenant de la décomposition du feldspath. La Chimie y a constaté la présence d'une matière bitumineuse et d'une substance azotée due à la décomposition des mollusques marins.

Pour mesurer la valeur comparative des marnes, il suffit de les traiter par l'acide azotique étendu de quatre fois son volume d'eau, de peser le résidu, et d'en déduire le poids du poids total de la marne. Moins le résidu pésera, plus la marne sera riche; car c'est presque entièrement dans la partie dissoute que réside sa vertu végétative.

Ici une discussion s'est élevée entre plusieurs d'entre vous. M. Berger a cité l'opinion qui attribue communément aux plantes et à la nature calcaire des terrains qui les produisent, la morve et les autres affections tuberculeuses des chevaux. M. le docteur Edwards a combattu cette opinion en s'étonnant que l'on cherchât dans les plantes la cause de ces maladies, quand on ne la soupçonne pas dans l'eau, qui contient toujours une certaine quantité de substances calcaires.

7.° M. Huot ayant parlé du sel de Wieliska et des échantillons qu'il en avait vus à Vienne, M. Colin vous a entretenus de la décrépitation que manifeste cette substance minérale au moment où elle se dissout dans l'eau, et qui est due, selon M. Roze, à un dégagement d'hydrogène protocarboné.

8.° M. le général d'Arlincourt avait proposé à l'Académie des Sciences, un moyen de préserver le zinc de l'oxidation. Il s'agissait de l'allier à de certaines quantités d'étain et de plomb, ou d'étain seulement. Par-là il devait résister à l'action dissolvante de l'acide sulfurique à 20°.

La commission nommée par l'Académie, pour examiner cette question, avait pour organe M. Dumas, dont toutes les conclusions étaient favorables au nouveau procédé, et qui lui promettait un grand succès, lorsque M. Colin est venu vous en entretenir.

« Il résulte des observations faites par les plus célèbres chimistes de l'époque, vous a dit le président de votre section de Chimie, que l'oxidation, quand elle est superficielle, peu avancée, et qu'elle s'engendre spontanément, suffit pour rendre le zinc en quelque sorte inattaquable aux acides froids. Or, son alliage, judicieusement opéré avec l'étain et le plomb, offre le même avantage, et probablement à un plus haut degré. Cet alliage sera donc très utilement appliqué à la conduite des eaux acides, à la construction des baignoires dans les établissements d'eaux minérales, et à la fabrication d'une multitude d'ustensiles.

« Il faudra toutefois l'écarter de la batterie de cuisine, parce que les sels de zinc sont des émétiques bien prononcés; et de la couverture des monuments dont les combles sont en bois, parce que le zinc est très combustible.

« A bien plus forte raison faudra-t-il le rejeter lorsqu'il s'agira de doubler un navire, où le feu prend un caractère éminemment redoutable. »

Vers le même temps, M. Sorel avait pris un brevet de quinze ans, et mettait en œuvre les procédés qu'il venait d'inventer pour rendre le fer inoxidable. Pour vous faire apprécier les avantages qu'aurait pu avoir cette découverte, je reproduirai encore quelques passages du rapport que vous a fait à ce sujet M. Colin.

« Déjà l'on connaissait l'influence des alcalis sur la conservation du fer; l'on se servait de la chaux en poudre pour conserver les parures d'acier. Humphry Davy avait préservé d'oxidation le doublage des vaisseaux par un procédé galvanique. M. Sorel a fait plus. C'est par une oxidation légère et superficielle du fer zincé qu'il préserve le métal de la rouille. Ainsi l'étain et le zinc sont préservés par une couche superficielle de leurs sous-oxides, et les effets de cette action s'étendent aux métaux qu'ils recouvrent.

« Un procédé galvanique appliqué à la préservation des métaux n'aurait-il pas quelque rapport avec la belle expérience dans laquelle Nobili colorait à volonté le fer et l'acier de toutes les couleurs de l'Iris, ou de quelques-unes, ou simplement de l'une d'elles? J'ai vu, entre les mains de Nobili, à l'Ecole militaire de Saint-Cyr, où il était venu voir un ancien frère d'armes, le capitaine d'artillerie Périolas, une petite cuirasse en acier à laquelle il avait exactement donné la teinte du laiton et par conséquent l'apparence d'une cuirasse de carabinier. »

Ici M. Colin citait une lettre qui venait d'être lue par M. Dumas à l'Académie des Sciences, et dans laquelle M. le capitaine d'artillerie Born faisait ressortir l'importance de la question, fût-elle restreinte aux applications militaires. Les conclusions de M. Born étaient qu'en prévenant, à l'aide du procédé peu coûteux de M. Sorel, l'oxidation des projectiles de guerre, l'Etat se procurerait une économie d'un peu plus de 17 millions de francs en vingt ans.

9.° Enfin il résulterait d'un mémoire sur l'application du bronze au doublage des vaisseaux, et des rapports qui ont été faits à ce sujet au ministre de la Marine, que le bronze ainsi employé remplacerait heureusement le cuivre et qu'il aurait, entre autres avantages, ceux d'occasionner moins de frais, de se détériorer moins vite et d'être moins facilement endommagé par l'abordage.

Je citerai, sans pouvoir les analyser, les communications que vous devez à M. Colin :

Sur la préparation du fluor et sur les travaux de MM. Knox à ce sujet ;

Sur les eaux minérales de Néry ;

Sur un mémoire dans lequel M. Révol examinait le rôle du platine dans la réaction du bioxide de cuivre sur le protoxide de fer quand on les précipite de leur commune solution ;

Sur les recherches de M. Vicat, relativement à l'efficacité de la magnésie comme principe unique de la qualité hydraulique de certaines chaux ;

Sur le sédiment des chaudières à vapeur ;

Sur les procédés employés à la poudrerie du Bouchet ;

Et sur la fabrication des capsules des fusils à piston.

M. Gaudin vous a présenté des cristaux de sulfate d'étain qu'il avait formés dans des vapeurs de soufre, et vos procés-verbaux font encore mention de deux communications qu'il vous a faites, l'une sur un nouveau moyen qu'il proposait pour former des cristaux insolubles dans l'eau, l'autre sur un procédé d'éclairage au gaz.

Après avoir pris une part si active à vos travaux, pendant le court séjour qu'il a fait à Versailles, il ne vous a point refusé des marques de son souvenir, lorsqu'il eut changé le titre de membre résidant contre celui de correspondant. Il vous a envoyé des fils faits avec du cristal de roche et avec du grès; il était parvenu à fondre ces deux substances et à les filer comme le verre au moyen d'un chalumeau, dont la flamme était alimentée par un jet de gaz oxygène et de gaz hydrogène. Les fils ainsi obtenus sont très flexibles et peuvent se nouer aisément.

Je vais continuer d'analyser ce que vous a dit M. Barreswill.

M. Pelouze propose de préparer :

1.° Le Chlorate de potasse, en remplaçant le Carbonate de potasse par le Carbonate de soude. On économiserait ainsi les cinq équivalents de potasse destinés à oxider le chlore. On emploie la chaux avec le même avantage;

2.° L'Acide sulfurique, en calcinant un mélange de plâtre et de charbon en poudre. L'opération se fait dans des cornues analogues à celles que l'on emploie à la fabrication du gaz de l'éclairage. On obtient ainsi du sulfure de calcium qui reste dans la cornue, et de l'acide carbonique qui se dégage et que l'on fait passer dans des épurateurs, comme le gaz que l'on veut purifier par la chaux en poudre. Mais ici les épurateurs sont remplis de sulfure de calcium humecté et mêlé à de la mousse. L'eau se décompose sous la double influence du sulfure de calcium et de l'acide carbonique; alors de nouvelles combinaisons s'opèrent, et elles engendrent du carbonate de chaux d'une part, et de l'autre de l'hydrogène sulfuré que l'on brûle, et l'acide sulfureux, résultat de cette combustion, est conduit selon la méthode ordinaire, dans des chambres de plomb.

Voici un procédé à l'aide duquel M. Barreswill produit de la Céruse à peu de frais.

Dans les fabriques d'indiennes, on a, comme résidu de la préparation de l'acétate d'alumine, du sulfate de plomb. Votre correspondant convertit facilement ce sel en carbonate de plomb, à l'aide du carbonate de soude ou du carbonate d'ammoniaque.

Il en obtient aussi, s'il le réduit par le charbon, un plomb qui convient mieux que le plomb pauvre aux essais par la coupelle, puisqu'il est entièrement exempt d'argent.

Un nouveau composé, le Bichlorure de mercure ioduré, venait d'être trouvé par M. Lassaigne, qui lui avait donné ce nom pour le distinguer du bichloro-iodure de mercure, découvert en 1826 par M. Boullay. M. Belin, ayant répété les expériences de M. Lassaigne et obtenu les mêmes résultats, vous a présenté un échantillon de celui qu'il avait préparé.

Ce corps contient :

De bichlorure de mercure.	97,88
et d'iode	2,12
	100,00

Il est inodore, volatil, soluble dans l'alcohol et dans l'éther; sa solution traitée par les réactifs se comporte à peu près comme celle du bichlorure; seulement l'ammoniaque la précipite en jaune chamois, au bout de quelque temps, et ne dissout qu'une partie du précipité que l'on obtient par l'azotate d'argent.

Si l'on décompose une partie de ce sel par la potasse, et que l'on filtre pour séparer le bioxide hydraté qui en résulte, on peut démontrer dans la liqueur filtrée la présence de l'iode, en y versant tour à tour de la solution d'amidon et un peu de chlore.

On ne peut se procurer le bichlorure de mercure ioduré en combinant directement le bichlorure de mercure avec l'iode ; mais on se le procure très facilement en traitant d'abord une solution alcoholique saturée d'iode, par une solution saturée de deutochlorure de mercure que l'on verse peu à peu dans la solution d'iode, jusqu'à ce qu'elle soit presque décolorée, puis en faisant évaporer à une douce chaleur. Par le refroidissement, il se forme des cristaux blancs, soyeux, qui se disposent obliquement de chaque côté d'un axe commun, comme les barbes d'une plume autour de leur tige.

M. Belin pensait que cette combinaison pouvait être employée avec succès dans les maladies de la peau, et principalement dans celles qui ont pour cause la syphilis ou les scrofules.

Il vous a en outre parlé :

Des chlorures de mercure ;

Des combinaisons du deutoxide d'azote avec le protosulfate de fer et le deutosulfate de cuivre, et de leur application à la découverte de l'acide azotique et des azotates ;

De la méthode proposée par M. Liébig pour retirer l'iode des bains ;

De l'analyse faite par M. Lassaigne de la brique de Charenton.

Environ 50 grammes de sodium préparés dans le laboratoire de la Société par plusieurs membres de la section de Chimie, vous ont été présentés au mois de mai dernier par le conservateur de cette section, M. le comte de Jousselin. Les frais de l'opération, couverts par une cotisation volontaire, s'élevaient à 17 ou 18 fr. Voici comment vos collègues avaient opéré :

De l'acétate de soude bien cristallisé avait été soumis à la calcination, et, par l'action du feu sur ses éléments, transformé en carbonate. Ce dernier sel convenablement mêlé avec du charbon de bois, enfermé dans une bouteille de fer à laquelle était attaché un canon de fusil pour servir de col et fortement chauffé pendant trois heures, a livré au charbon ses éléments gazeux, et le métal isolé est tombé dans l'huile de naphte.

Ce procédé est celui de Brunner modifié par M. Liébig. Les modifications consistent dans l'emploi de l'acétate de soude préféré au carbonate, dans la manière de recueillir le produit qui est immédiatement reçu dans le pétrole au lieu d'être laborieusement détaché du tube, enfin dans la conduite de l'opération.

L'année précédente, la section, en employant cette méthode alors moins bien connue, s'était procuré 12 grammes de sodium seulement. Cette année-ci les résultats ont surpassé tous ceux qu'avait obtenus M. Colin, lorsqu'il préparait les cours de MM. Gay-Lussac et Thénard, et qu'il suivait le procédé de ce dernier.

M. le comte de Jousselin ayant analysé la Pechblende, a trouvé dans cette substance minérale les neuf corps signalés par Arfwedson et y a de plus rencontré des traces de manganèse et d'alumine qui provenaient probablement de la gangue. Il vous a présenté les principaux des produits qu'il avait obtenus ; c'étaient du carbonate d'ammoniaque et d'urane, du protoxide, du deutoxide et de l'azotate d'urane. Ces produits étaient remarquables par leur beauté et leur pureté.

Il a de plus entrepris divers essais pour fournir à la peinture à l'huile une couleur stable d'un jaune éclatant. Plusieurs échantillons qu'il avait préparés avec M. Colin, ont été remis à M. Coupin, qui s'est chargé de vérifier jusqu'à quel point ils pouvaient être utilisés par la peinture. Ces produits étaient 1.° du sulfure de cadmium d'un beau jaune orangé; 2.° du jaune d'antimoine; 3.° deux échantillons de couleur jaune préparés avec le deutoxide d'urane; 4.° une variété d'ulmine proposée pour remplacer le bitume.

Voici les résultats auxquels M. Coupin est arrivé:

Les couleurs ayant été broyées avec l'huile et appliquées sur la toile par zônes, chaque zône a été partagée longitudinalement en deux parties; de ces deux parties l'une a été exposée pendant trois mois au soleil et à toutes les variations atmosphériques, tandis que l'autre était conservée dans l'appartement. Puis, les morceaux ont été rapprochés, et M. Coupin vous a fait alors remarquer que le sulfure de cadmium avait admirablement supporté cette redoutable épreuve. Le jaune d'antimoine n'avait fléchi que d'une manière insensible. Les échantillons de jaune d'urane avaient bruni rapidement et n'étaient plus comparables à ce qu'ils avaient été auparavant. L'ulmine comparée au bitume et à la terre de Cassel s'était beaucoup mieux comportée; le bitume avait moins résisté que la terre de Cassel, quoique toutes ces couleurs eussent varié. Enfin lorsque l'ulmine, le bitume et la terre de Cassel eurent été mêlés au blanc de plomb, les intempéries de l'air et la lumière altérèrent beaucoup plus profondément leurs teintes, et sur-tout celles de la variété d'ulmine employée. Néanmoins telle qu'elle était, M. Coupin lui a trouvé des qualités qui la rendraient préférable au bitume, sur-tout si cette couleur pouvait sécher aussi rapidement que les deux autres. Il est à regretter, ajoutait-il, que les jaunes d'urane ne soient pas stables; car ils sont beaux et demi-transparents. Il engageait MM. Colin et de Jousselin à les travailler, afin de leur donner de la fixité.

Au reste on obtient d'une même couleur, suivant qu'on

la dispose par couches ou qu'on l'applique franchement, des tableaux qui ne se conservent pas ou qui se conservent bien. Gérard et Gros se servaient des mêmes couleurs. Cependant l'*Entrée d'Henri IV à Paris*, ce tableau qui était, en sortant des mains de Gérard, si brillant de couleurs, est maintenant tout noir, tandis que les tableaux de Gros sont restés les mêmes jusqu'à ce jour. Ceux des peintres allemands et flamands sont d'une belle conservation; c'est, suivant M. Coupin, que ces anciens peintres avaient commencé par l'étude de la préparation et du broiement des couleurs sous les yeux de leurs maîtres.

Vous avez livré à l'impression le rapport fait par M. Boisselier, au nom d'une commission que vous aviez chargée d'examiner un vernis à tableau composé par un habitant de cette ville, M. Merger.

Enfin il me reste à citer:

Une note manuscrite de votre correspondant, M. Robin, sur la conservation de la poudre à tirer;

Le rapport que vous a fait M. l'abbé Caron sur une notice envoyée par M. Girardin, et relative au procédé employé par M. Capelet, manufacturier, pour régénérer les vieux bains de cuve;

Et les considérations que vous a présentées M. Brame, sur les combinaisons du carbone et du fer dans la formation de l'acier; sur la loi de composition des sels alogênes formés par le chlore; sur le Kermés et la théorie atomique de sa composition [1].

III. — Telles sont, Messieurs, les communications auxquelles la Chimie inorganique a donné lieu. Mais la

[1] Avant que la lecture de ce rapport fût terminée, la Société a décidé l'impression d'un mémoire de M. le docteur Dargent sur un double sulfate de chrôme et de potasse qu'il venait de composer.

Chimie organique, qui livre à l'activité du savant un champ plus fertile et plus vaste encore, n'a pas moins que la première contribué à alimenter vos séances du mardi.

Je passerai d'abord en revue les travaux et les écrits dont M. Colin vous a rendu compte.

Traité de Chimie organique par M. Liébig. — Le nom de M. Liébig est trop connu, même en France, pour que la traduction de son traité de Chimie organique n'y causât pas une certaine sensation. Aussi M. Colin a-t-il commencé à analyser devant vous cet ouvrage.

Voici les principales conclusions énoncées par l'auteur dans son premier chapitre :

1.° Le carbone existe dans toutes les plantes et dans toutes les parties d'une même plante ;

2.° Le ligneux, le sucre, l'amidon, la gomme, en un mot les substances végétales neutres, ne sont autre chose que du carbone, plus de l'eau ;

3.° Dans les substances qui contiennent plus d'oxygène ou d'hydrogène qu'il n'en faut pour constituer de l'eau, l'excédant est représenté tantôt par l'un, tantôt par l'autre de ces deux corps simples.

En définitive, pour qu'un végétal puisse croître convenablement, il faut lui fournir du carbone, de l'oxigène, de l'hydrogène et un peu d'azote.

On voit que les conclusions du savant allemand, sur la composition des plantes, sont conformes au résultat des observations précédemment faites par nos chimistes français.

Mais plus loin, combattant des idées non-seulement énoncées, mais même reçues, il professe que l'humus, c'est-à-dire le détritus des végétaux en décomposition, ne contribue nullement à la nourriture des plantes dans la forme sous laquelle il se présente. Il cherche à démontrer que la vertu du terreau n'est point due à l'acide ulmique qu'il contient, et se livrant à de nombreuses considérations sur la composition et les propriétés chimiques de ce principe immédiat, il en conclut que son influence prétendue sur la végétation ne saurait être suffisamment expliquée ni par l'action de l'eau dans laquelle il serait dissous, ni par celle des alcalis auxquels ils se trouverait combiné.

Il lui paraît impossible que les engrais soient, comme l'ont avancé quelques auteurs, les sources de la masse de carbone que renferment les végétaux; cette masse est trop considérable, ainsi que le prouvent diverses expériences faites par M. Liébig lui-même, au moyen de l'incinération des produits fournis soit par des surfaces déterminées de bois et de prairies naturelles, soit par des champs de betteraves et de blés. D'ailleurs l'humus des terrains qui ne reçoivent point l'engrais, perdant chaque année une partie du carbone qu'il fournirait aux plantes, celles-ci en présenteraient des quantités qui seraient de moins en moins considérables. Ce n'est, selon M. Liébig, que dans l'acide carbonique de l'air que les végétaux doivent puiser leur carbone. On sait en effet, depuis les expériences d'Ingenhous et de Sennebier, qu'ils absorbent dans le jour un volume d'acide carbonique égal au volume d'oxigène qu'ils exhalent, et cette double fonction est indispensable à l'entretien de la vie animale; car l'air, qui contient un millième environ d'acide carbonique, cesse d'être respirable quand il ne contient plus que 13 pour cent d'oxigène. M. Colin a même encore réduit cette limite; car il résulte des expériences effectuées par M. Gay-Lussac, qu'il suffit de remplacer trois pour cent d'oxigène par trois pour cent d'acide carbonique pour rendre l'air impropre à la respiration.

Enfin y a-t-il dans l'atmosphère assez d'acide carbonique pour approvisionner en carbone la quantité énorme de végétaux qui couvrent la terre? Oui, répond M. Liébig; car la masse atmosphérique contient 1,500 billions de kilogrammes de carbone, c'est-à-dire beaucoup plus qu'on n'en trouverait dans les plantes et dans les houilles et les lignites qui forment une partie de l'écorce du globe, sans parler de la proportion plus considérable que tiennent en dissolution les eaux de la mer.

L'assimilation du carbone et le dégagement de l'oxygène s'effectuant sous l'influence des rayons solaires, il se produit sous les tropiques et dans les climats chauds une énorme quantité d'oxigène, tandis que l'acide carbonique se développe en abondance dans les zônes tempérées et dans les climats froids. Mais l'équilibre se trouve rétabli par les courants que le mouvement atmosphérique de la terre occasionne entre l'équateur et les pôles.

Premiers essais sur la Maturation des fruits. Recherches sur la Pectine et l'Acide pectique. — L'étude comparative de la pectine et de l'acide pectique avait été proposée par la Société de Pharmacie de Paris; mais l'auteur du mémoire couronné, votre correspondant M. Edmond Fremy, soupçonnant l'importance du rôle que doivent jouer dans la végétation deux substances qui se rencontrent dans presque tous les fruits, a considéré les recherches provoquées comme de véritables travaux sur la maturation. Ainsi, non content d'étudier les modifications que les agents chimiques font subir à la pectine et à l'acide pectique, il a cherché à saisir les circonstances qui accompagnent la formation de ces deux corps dans le fruit, et les phénomènes qu'ils y développent, sur-tout à l'époque de la maturité.

Parmi les faits nombreux et intéressants qui ont été constatés par M. Edmond Fremy, M. Colin a indiqué les effets produits par l'action des bases alcalines sur la pectine et l'acide pectique, qui déjà avaient été reconnus comme isomères, et la transformation des deux substances en un nouvel acide que l'auteur proposait d'appeler *Acide métapectique*.

Enfin, M. Edmond Fremy a produit de la pectine en remplaçant l'acide du fruit vert par de l'acide tartrique ou de l'acide sulfurique, et en faisant chauffer l'un ou l'autre avec la pulpe privée de son acidité naturelle.

Expériences pour servir à l'histoire de l'Alcohol, de l'Esprit de bois et des Ethers.—Tel est le titre d'un mémoire que vous avait envoyé votre correspondant M. Kuhlmann. M. Kuhlmann a entrepris de répéter les expériences qui avaient été depuis long-temps faites par plusieurs chimistes, sur l'éthérification de l'alcohol, par le moyen des chlorures métalliques, d'en constater la réalité et d'en apprécier les résultats en leur appliquant toute la rigueur de la science actuelle. Ainsi il a étudié : 1.° les combinaisons alcoholiques, éthérées et méthyliques en général; 2.° les combinaisons dans lesquelles l'alcohol, l'esprit de bois et l'éther jouent le rôle d'acide; 3.° celles dans lesquelles ils agissent comme bases.

Travaux de M. Robiquet sur l'Acide gallique. — M. Robiquet a reconnu que l'action brusque de la chaleur, et mieux encore celle de l'acide sulfurique concentré, convertissent l'acide gallique en une substance colorante et acide, isomère avec l'acide ellagique. Il a de plus signalé un bigallate d'ammoniaque, le premier gallate assez stable pour que l'on puisse l'examiner. Enfin, en étudiant l'action de la chaleur et de l'eau sur l'acide gallique, il a obtenu, par l'entremise du chlorure de calcium, un sel formé d'acide gallique anhydre et ayant pour base ce même chlorure de calcium.

Mémoire de M. Piria sur la Salicine. —La Salicine a été préconisée pour remplacer la Kinine. M. Piria la convertit en sucre de raisin en la traitant par un acide.

Si, comme vous l'a fait remarquer M. Colin, on double la formule de la salicine, deux molécules de cette substance peuvent être représentées par deux molécules de bibydrure de salicile, radical hypothétique de la salicine, par une molécule de sucre de raisin et par deux molécules d'eau.

En traitant la salicine par l'acide chromique, M. Piria obtient l'essence de Spiræa Ulmaria qui n'est pour lui qu'un hydrure de salicile. Il se forme aussi dans cette circonstance de l'acide acétique et de l'acide formique. Ces réactions sont d'autant plus remarquables qu'elles donnent naissance à des produits immédiats dont l'un, jusqu'ici, n'avait été fourni que par la nature.

Travaux de M. Guibourt sur le Salsola Tragus.—M. Guibourt a fait l'analyse de cette plante qui, quoique marine, ne lui a paru contenir que des sels de chaux et de potasse.

Mémoire de MM. Boutron et Edmond Fremy sur la fermentation lactique. — Les deux chimistes considèrent la formation de l'acide lactique, comme le résultat d'une fermentation analogue à la fermentation alcoholique, et sont conduits ainsi à généraliser le phénomène de la fermentation, en admettant des ferments spéciaux pour chaque substance. C'est ainsi que la diastase transforme l'amidon en dextrine ; que l'albumine change la pectine en acide pectique ; que l'acide lactique est dû à l'action du caséum sur la lactine, et ainsi de suite. La fermentation lactique a ce point de commun avec la fermentation alcoholique, que différentes matières animales neutres peuvent la déterminer ; mais il existe entre elles cette différence, que le sucre, la gomme, l'amidon, la dextrine peuvent être substituées à la lactine dans la production de l'acide lactique, tandis que le sucre et la glucose sont jusqu'ici les seules substances que la fermentation transforme en alcohol. Il y a aussi cette analogie entre les deux fermentations que les agents qui peuvent arrêter l'une, suspendent également l'autre.

Les auteurs indiquent le moyen de préparer l'acide lactique avec abondance et facilité. Leur procédé consiste à transformer le sucre de lait en lactate de soude, à séparer ce sel des principes du lait, et à isoler l'acide lactique à l'aide de l'acide sulfurique étendu d'eau.

Mémoire de M. Prosper Denis sur l'Albumine et la Fibrine.— M. Prosper Denis rapproche ces deux substances et les considère même comme identiques Mais quelque nombreuses que soient les recherches auxquelles il s'est livré, elles laissent encore à constater que l'albumine et la fibrine se composent des mêmes éléments réunis dans les mêmes proportions.

Mémoire de M. Horace de Marçay sur la Bile. — L'auteur cherche à démontrer que la bile est un choléate de soude, que l'acide choloïdique est le produit de la décomposition de la l'acide choléique par l'acide chlorhydrique concentré, et que l'acide cholique et la taurine sont aussi les produits de la décomposition de la bile par les alcalis. La bile est donc un corps beaucoup moins composé qu'on ne se l'était imaginé dans ces derniers temps. car le picromel ne serait, d'après M. de Marçay, que de la bile échappée à l'action de l'acétate de plomb dont elle aurait conservé des traces.

Acide urique chez les insectes. — Il résulte d'une communication faite à l'Académie des Sciences par M. Audouin, que deux calculs d'acide urique ont été trouvés dans les vaisseaux biliaires d'un cerf volant femelle

(Lucanus Capreolus). Le cerf-volant, a ajouté M. Colin, n'est pas le seul insecte qui fournisse de l'acide urique; M. Robiquet en a trouvé dans les cantharides, et M. Fabroni dans les excréments des vers à soie.

*Travaux de **MM.** Dumas et Peligot sur le blanc de baleine.*— Ils ont retiré de l'éthal, matière saponifiable engendrée dans la saponification du blanc de baleine, un carbure huileux et volatil auquel ils ont donné le nom de cétène. Ils ont obtenu ce nouveau produit en privant l'éthal d'eau par sa distillation avec l'acide phosphorique, d'abord concentré, puis tout-à-fait anhydre. L'éthal serait donc un hydrate de cétène qu'ils auraient réussi à transformer en chlorhydrate, et le cétène remplirait ici le rôle de base, comme le remplissent le gaz oléfiant dans les éthers et le méthylène dans l'esprit de bois.

Travaux des chimistes allemands sur les acides gras. — Je me bornerai à indiquer quelques-uns des résultats auxquels sont arrivés les chimistes allemands, élèves de M. Liébig et qui vous ont été signalés par M. Colin.

1.° Les auteurs se sont assuré que l'acide sébacique est le produit de la distillation de l'acide oléique, et que le meilleur moyen de le préparer est de le retirer de ce dernier.

2.° M. Redtenbacher a obtenu un nouvel acide par la saponification du beurre de cacao.

3.° M. Warrentrapp a constaté l'identité des différents acides qui résultent de la distillation des corps gras, et a reconnu qu'il n'existait qu'un acide margarique.

Voici le tableau des autres sujets traités par M. Colin:

Mémoire envoyé par M. Robin, membre correspondant, et intitulé : *Conseils donnés sur la préparation du vin, suivis de quelques recherches sur les eaux minérales de l'arrondissement de Montluçon;*

Note de M. Liébig relative à la préparation du vinaigre;

Considérations sur l'iodure d'amidine;

Considérations sur la garance;

Réponse de M. Robiquet aux prétentions de M. Runge, touchant le pourpre, le rouge et l'orange de la garance;

Recherches entreprises par M. Cavalier pour reconnaître les farines adultérées par la fécule, et expériences contradictoires auxquelles se sont livrés MM. Colin et Labbé;

Etoffes et papiers non inflammables;

Analyse d'une colle qui avait été remise à M. Colin, et qui lui a paru être un savon de résine;

Procédés mis en œuvre pour fabriquer le tabac à la manufacture du Hâvre;

Mémoire de M. Payen sur le ligneux;

Observations de M. Favrot sur l'arôme des fleurs de lilas et d'acacia;

Procédés de fabrication, observés par l'auteur à la tannerie de M. Ottenheim;

Essais tentés par MM. Séguin, pour extraire le gaz d'éclairage, des matières animales, et pour détruire l'odeur fétide qu'il doit au sulfure de carbone;

Analyse chimique d'un calcul envoyé à la Société par M. le docteur Vitry;

Note de M. Schmersbal, relative à l'acide lactique contenu dans la choucroûte:

Enfin, Messieurs, les expériences de M. Colin sur la fermentation, sont l'objet d'un mémoire qu'il vous a lu et qui vous a paru mériter de prendre place parmi les publications de la Société.

Vous avez également admis au nombre de vos mémoires, celui de M. Belin sur l'Hélianthe tuberculeux (Hélianthus Tuberosus).

M. Belin vous a fait connaître les essais de M. Payen, sur la fécule, et ceux de M. Boucherie, sur les bois.

Le premier a prouvé par une série d'expériences, que la constitution chimique de la fécule demeure toujours identique, quelque préparation qu'on fasse subir à cette substance.

Le second, en plaçant des végétaux ligneux dans des dissolutions, et en leur faisant absorber les substances dissoutes, donne au bois tantôt la propriété de se conserver, tantôt celle de résister au feu ou du moins de ne pas s'enflammer et de se convertir seulement en charbon; tantôt différentes couleurs.

Pour obtenir le premier résultat, il fait entrer dans le bois des substances qui en expulsent la sève. Le pyrolignite de fer, dont le prix est peu élevé, lui paraît le mieux convenir à cet usage.

Pour arriver au second, il imprégne le bois de certains chlorures. Il lui fait, par exemple, absorber l'eau des résidus des marais salants, qui contient beaucoup d'hydrochlorate de chaux.

Pour se procurer le troisième, il introduit dans le bois soit une matière colorante, soit deux matières susceptibles de produire une couleur en se décomposant réciproquement. C'est ainsi qu'en y faisant successivement arriver un sel de fer et du cyanhydrate de potasse, il le colore en bleu.

M. Belin répéta quelques-unes de ces expériences, et constata un fait important. C'est que les bois plongés dans la dissolution du pyrolignite de fer y absorbent moins de liquide qu'ils ne perdent d'humidité. Il vous a fait remarquer qu'en se servant de sels déliquescents pour rendre les bois incombustibles, M. Boucherie n'avait sans doute pas prévu l'effet que produirait sur eux l'action dissolvante de la pluie et de l'humidité. Il pensait au surplus que les procédés de M. Boucherie seraient mieux appliqués à la coloration des bois qu'à leur conservation, parce qu'il faudrait, dans ce dernier cas, opérer sur des masses, et que le prix du pyrolignite de fer hausserait alors considérablement. Cette opinion n'a point été partagée par M. Colin; il a objecté que la fabrication s'accroîtrait avec la consommation et que la concurrence alors ferait nécessairement baisser le prix de la substance.

Il y a quelques années, M. Lassaigne avait prouvé que l'albumine se combine au deutochlorure de mercure sans le décomposer. Ayant plus récemment étudié l'action de cette substance et de diverses autres matières organiques sur un grand nombre de sels métalliques, il a publié au mois de juin 1840, dans le *Journal de Chimie médicale*, les faits nouveaux qu'il venait de constater, et les conclusions qu'il en tirait.

Ces conclusions vous ont été rapportées par M. Belin. En voici les principales :

1.° L'albumine se combine aux sels métalliques sans les décomposer, et forme avec eux des précipités qui sont insolubles dans l'eau, mais solubles dans un excès soit de la matière animale soit du sel métallique qui les compose ;

2.° Si l'on traite ces combinaisons par les dissolutions de plusieurs sels alcalins qui décomposeraient les sels métalliques non combinés à l'albumine, elles s'y dissolvent sans éprouver d'altération;

3.° Lorsqu'on administre des sels métalliques à l'intérieur, il s'établit probablement dans l'économie par suite de l'absorption, une combinaison analogue entre ces sels, les tissus de nos organes et l'albumine contenue dans les divers fluides animaux. C'est sans doute en cet état qu'ils sont transportés dans nos humeurs et que les effets médicamenteux sont le plus souvent produits.

M. Belin vous a en outre entretenus :

Des falsifications que l'on fait subir à la farine et à la fécule, et de quelques moyens proposés pour constater ces fraudes ;

D'un nouveau procédé de panification employé par un boulanger anglais ;

Des procédés qu'il avait été à même d'observer en visitant plusieurs manufactures de sirop de dextrine ;

Des expériences de M. Roquetta, relatives à la Belladone ;

Des observations de M. Righini d'Olleggio, relatives à la résine du gayac et aux procédés à l'aide desquels on peut en retirer la créosote ;

D'un nouveau moyen indiqué par M. Béral pour extraire le tannin de la noix de galle, et des expériences auxquelles il s'est lui-même livré à ce sujet. Il a proposé de modifier le procédé de M. Béral, en substituant à la macération aqueuse la méthode de déplacement ;

Et des essais qu'il avait lui-même tentés pour extraire du sucre des cosses de pois ;

Plusieurs découvertes nouvellement faites et relatives à cette branche de la chimie, vous ont été communiquées par M. Barreswill.

1.° M. Dumas avait fait part à l'Académie des sciences du résultat de ses expériences sur un acide qu'il venait de découvrir et qu'il nommait acide chloracétique. Cet acide, sous l'influence des bases alcalines, se convertit en acide carbonique et en chloroforme, et cette transformation avait été comparée par l'auteur à celle qu'éprouve l'acide acétique qui se change dans les mêmes circonstances en hydrogène protocarboné. Il voyait dans les deux phénomènes une identité favorable à la théorie des substitutions, une conservation de type dont il tirait des conclusions que MM. Pelouze et Millon sont venus combattre dans une note qu'ils ont lue à l'Académie.

La production de l'hydrogène protocarboné par l'action de la potasse sur l'acide acétique avait été observée long-temps avant les recherches de M. Dumas, et ne semble pas aux auteurs un fait isolé. Ils ont pu reproduire ce gaz en faisant réagir sur l'alcool un excès de potasse concentrée. Étendant le cercle de leurs expériences, ils sont arrivés à démontrer que l'action de la potasse qui est toujours hydratée est du même ordre que celle de l'oxyde de cuivre. Le charbon pur et chauffé au rouge avec de la potasse, donne de l'hydrogène pur et du carbonate de potasse ; les combinaisons oxygénées de l'azote, l'air lui-même, produisent dans des circonstances pareilles de l'ammoniaque en quantité notable.

2.° M. Payen se sert, pour constater la présence des acides sulfurique, azotique et chlorhydrique dans l'acide acétique impur, de l'amidon qui est soluble dans les trois premiers acides et insoluble dans le quatrième.

3.° Le même chimiste emploie à l'analyse des eaux, une dissolution d'amidon bleuie par l'iode. Cette dissolution, quand elle est étendue d'eau distillée, ne se trouble jamais et occasionne un magma caséiforme, si l'on y ajoute de l'eau impure.

4.° M. Pelouze produit la xyloïdine avec le papier aussi bien qu'avec l'amidon, en les traitant l'un ou l'autre par de l'acide azotique très concentré et préparé avec 460 parties d'acide sulfurique et 500 d'azotate de potasse. L'on reconnait que l'action de l'acide sur le papier est complète, lorsque celui-ci est devenu transparent. On le retire alors; on le lave à l'eau simple; on le fait sécher, et l'on a un papier qui, à l'approche d'un corps en combustion, fuse comme un azotate. C'est en effet un véritable azotate d'amidon, dans lequel l'amidon a perdu un atome d'eau. A l'époque où M. Barresvill parlait, des expériences tentées sur une assez grande échelle avaient pour but d'appliquer ce papier à la fabrication des gargousses.

M. Labbé vous a lu l'extrait d'un mémoire qui a pour auteur M. Boutin, ancien préparateur de M. Gay-Lussac, et qui traite des produits résultant de l'action de l'acide azotique sur l'aloès et de leur application à la teinture.

Il était question dans cet extrait, en premier lieu, de l'acide polychromatique, des sels auxquels il donne naissance, des moyens employés par M. Boutin, pour préparer ces corps, et des essais tentés par ce chimiste pour les appliquer à la teinture. Il résulte de ces essais qu'à l'aide de mordants variés et d'opérations diverses, l'acide polychromatique ou ses composés donnent à la soie ou à la laine des nuances différentes. M. Labbé a soumis à la Société plusieurs échantillons des matières colorantes qu'il avait obtenues et de rubans de soie qu'il avait colorés.

En second lieu du Cyanil, corps produit dans la réaction de l'acide azotique sur l'acide polychromatique, qui lui-même est le résultat de la réaction de l'acide azotique sur la résine d'aloès.

Je dois encore mentionner ici :

1.° Les idées que vous a exposées M. Brame sur la composition du sucre de lait et de l'acide mucique ;

2.° Le compte que vous a rendu M. le docteur Le Roi d'un Mémoire de M. Péligot sur le lait ;

3.° La lecture que vous a faite M. Berger d'une note extraite des journaux scientifiques de la Bavière. Elle était relative à la fabrication d'une sorte de fromage avec la pulpe de pomme de terre.

De tous les produits que la chimie livre à l'industrie, le sucre est peut-être celui dont il a été le plus souvent question dans vos réunions hebdomadaires.

D'abord plusieurs notices vous ont été lues par M. l'abbé Caron sur l'histoire du sucre de canne et son introduction en Europe, sur l'histoire du sucre de betterave, sa préparation, les perfectionnements qu'elle a subis et la consommation toujours croissante de cette denrée en France.

M. Colin aussi vous a fréquemment parlé du sucre de betterave et du sucre de canne. Les analyses auxquelles se sont livrés divers chimistes sur les produits de la canne à sucre ont été suivies des mêmes résultats. Ainsi M. Peligot a démontré que le Vesou, c'est-à-dire le jus exprimé des cannes à sucre, contenait 18 à 20 pour cent de sucre cristallisable, et n'était autre chose que de l'eau sucrée. Or, ces conclusions sont conformes à celles de votre correspondant M. Plagne, qui a fait de nombreuses expériences sur la canne à sucre, lorsqu'il exerçait les fonctions de pharmacien en chef de nos hôpitaux dans l'Inde. Les procédés dont il s'est servi pour extraire et déterminer les matières contenues dans la canne, sont exposés dans un Mémoire dont M. Colin vous a donné lecture et qui vous a paru devoir être imprimé.

M. Belin vous a décrit un appareil nouvellement inventé pour la préparation du sucre de betterave. Cet appareil porte le nom de Lévigateur de Libermann et agit par méthode de déplacement. M. Belin en a fait l'application à la préparation du sirop d'hélianthe tuberculeux.

La Phloridzine, substance découverte en 1836 par

M. de Koninck, votre correspondant à Louvain, a provoqué divers travaux dans le sein de la Société. Ces travaux sont relatés dans un rapport dont vous avez décidé l'impression, afin d'assurer au savant Belge la priorité que semblait lui disputer l'auteur d'un article inséré dans le *Journal de Chimie médicale*.

Les expériences de MM. Colin et Labbé sur le Polygonum Tinctorium, ont été le sujet de deux mémoires qui font également partie de ce recueil. Mais à ces essais en ont succédé d'autres qui ont été tentés hors de la Société, par MM. Girardin, Hervy et Preisser, et dont M. Colin vous a rendu compte.

D'abord votre correspondant M. Girardin et M. Hervy, indiquent deux procédés pour extraire l'Indigotine du Polygonum Tinctorium. Le premier remplace l'action de l'eau bouillante sur les feuilles par celle de l'eau à 40° ce qui est beaucoup plus commode en industrie, et substitue avec avantage l'acide chlorydrique à l'acide sulfurique; le second verse de l'eau sur les fenilles, en éléve graduellement la température à 60°, ajoute de la chaux à l'infusion, puis traite le précipité par l'acide chlorhydrique.

Il résulte ensuite des expériences de MM. Girardin et Preisser : 1.° que le rendement du Polygonum Tinctorium en indigo, varie de 0,68 à 1,65 pour cent du poids des feuilles, et qu'il a atteint le plus haut chiffre pour le Polygonum cultivé sur des prairies humifères, ce qui établit une grande analogie entre cette plante et les indigotiers de l'Inde; 2.° que la proportion d'indigo croît jusqu'à la floraison, et décroît ensuite pour devenir nulle à l'époque de la maturité des graines; 3.° que les tiges ne contiennent pas d'indigo; 4.° que le procédé des auteurs, tout en donnant un produit inférieur en poids au produit obtenu par les procédés des colonies et de M. Baudrimont, est plus avantageux parce qu'il fournit un indigo plus pur; 5.° que si l'on emploie plus de 2 centièmes du poids des feuilles en acide sulfurique ou chlorhydrique, il y a perte de matière colorante; 6.° que la culture du Polygonum, calculée sur la moyenne des résultats obtenus dans divers sols, constituerait le cultivateur en perte; mais M. Colin pense, qu'opéré dans un terrain qui lui serait propice, elle présenterait au contraire des bénéfices notables; 7.° que l'indigo du Polygonum se comporte à la cuve comme celui de l'Inde, et que l'emploi de ses feuilles est préférable à celui des feuilles du pastel.

M. Colin vous a un jour apporté du pain fait avec de la farine de betterave, et de la farine qui avait servi à le confectionner. Ces échantillons lui avaient été remis de la part de MM. Pelouze et Barreswill. M. Néglet tenait de la personne même qui avait fait le pain, qu'elle mêlait a la farine de betterave un peu de farine de froment.

M. Edwards a saisi cette occasion de donner quelques renseignements sur le pain des Abyssins. Il les avait directement reçus de M. Lefebvre, officier de marine, qui avait été envoyé en Abyssinie par le gouvernement français et chargé de composer, sur l'agriculture de cette contrée, un mémoire qui n'était pas encore publié. C'est d'une plante qu'ils appellent *Teck* et qui est le Poa Abyssinica des botanistes, que les Abyssins tirent la farine dont ils font leur pain. Il est préféré au pain de France par les Français qui visitent l'Abyssinie. M. Edwards vous a décrit le procédé à l'aide duquel on le prépare.

Des exemplaires d'un mémoire intitulé : *Geline, Gelée* et *Gelatine* vous avaient été distribués. Plusieurs des faits énoncés dans ce mémoire et des conclusions que l'auteur en tire ont été contestés ou combattus par M. Colin.

L'auteur s'étant élevé contre l'opinion qui attribue à la Gélatine des propriétés alimentaires, M. Edwards s'est attaché à démontrer que l'alimentation ne saurait être suffisante qu'en fournissant à chaque partie du corps les principes qui la constituent, que tous ces principes doivent être convenablement représentés dans le régime alimentaire, et qu'il s'agit en conséquence d'examiner, non pas si l'on peut appeler nutritif un aliment seul, mais s'il faut donner ce nom à l'ensemble des aliments qui composent tel ou tel régime.

M. Gannal a bien voulu vous raconter lui-même les expériences qu'il a faites sur la qualité nutritive de la Gélatine et qui l'ont conduit à appliquer le sulfate d'alumine à la conservation des tissus animaux. Je regrette de ne pouvoir vous donner un abrégé au moins succinct d'une communication que vous avez paru écouter avec tant d'intérêt.

Il est revenu quelques jours après à Versailles pour exécuter une opération d'embaumement sur laquelle M. le docteur Le Roi vous a donné des détails. M. Belin vous a alors parlé d'un embaumement fait il y a quelques années à l'hospice de notre ville, par MM. les docteurs Penard, Vitry, Navarre et autres. Ces messieurs se sont bornés à injecter le cadavre avec de l'eau chargée de chlorure de sodium, et ce procédé a eu un plein succès.

IV. — M. Belin a poursuivi et terminé le cours de Toxicologie qu'il avait commencé avant le dernier compte-rendu. Il a continué à examiner les matières vénéneuses, en suivant la méthode qu'il s'était d'abord imposée.

De tous les poisons, ceux qui remplissent le rôle le plus fréquent et le plus redoutable sont, sans aucun doute, les substances arsenicales. Parmi les signes employés pour les reconnaître, il en est qui renferment des éléments d'erreur. Telle est l'odeur d'ail que répand le mélange lorsqu'on le projette sur des charbons incandescents et qui peut être déterminée par d'autres causes. M. Belin a cité à ce sujet les expériences qu'il avait exécutées avec M. le docteur Gentil. Dans plusieurs cas, l'ingestion d'une grande quantité d'acide arsenieux, en causant la mort, n'avait laissé aucune trace de lésion dans les voies digestives.

La Toxicologie a en outre servi de matière à plusieurs communications.

D'abord M. Colin vous a parlé des expériences de M. Marsh qui est parvenu à constater la présence d'un vingt-huit millième d'arsenic dans une dissolution, en convertissant ce métal en arseniure d'hydrogène.

L'appareil inventé en 1838, par M. Marsh, a reçu des modifications que M. Belin vous a fait connaître et dont on est sur-tout redevable à MM. Lassaigne, Chevalier et Orfila. On sait l'importance qu'il a acquise entre les mains de ce dernier, et l'influence qu'il a naguère exercée sur les suites d'une cause célèbre. Les expériences de M. Orfila ayant alors soulevé des dénégations que la presse rendit publiques, ce savant jugea à propos de les répéter devant l'Académie de Médecine, et M. Belin, qui en fut témoin, vous en donna une relation qu'il compléta par des démonstrations et des exemples.

Il fit d'abord fonctionner devant vous l'appareil de Marsh. Du zinc, de l'eau et de l'acide sulfurique sont introduits dans cet appareil avec la substance qu'il s'agit d'analyser. L'opération produit un dégagement d'hydrogène non arsénié, si la substance ne contient pas la plus légère quantité d'arsenic, et d'hydrogène arsénié dans le cas contraire. En mettant le feu au gaz qui se dégage, on obtient une flamme que son aspect semble diviser en deux parties ; l'une, intérieure, a une couleur bleuâtre ou verdâtre, l'autre, extérieure, est jaune. M. Orfila appelle la première flamme de réduction, la seconde flamme d'oxidation. C'est dans la flamme de réduction que doivent être contenues les vapeurs métalliques, et qu'il faut les recueillir sur une capsule de porcelaine. Pour découvrir si la tache qu'elles y déposent est due à l'arsenic ou à l'antimoine, on étudie sa couleur et on traite le métal par les réactifs propres à le faire distinguer. Il pourrait arriver aussi dans certaines circonstances qu'elle fût formée des deux métaux combinés, et alors elle ne présenterait pas une couleur assez tranchée. On aurait dans ce cas recours à la chaleur qui volatilise l'arsenic beaucoup plus vite que l'antimoine, puis à de nouveaux réactifs ; et c'est ainsi que l'on se procure par une série d'épreuves une suite de caractères à l'aide desquels on parvient à saisir la vérité. Mais ces expériences sont difficiles, et une grande habitude peut seule en assurer le succès.

On sent combïen la pureté des réactifs est ici nécessaire. Aussi M. Belin a-t-il exposé avec détails les moyens qu'emploie M. Orfila pour la constater.

Il a ensuite reproduit les objections que ce chimiste avait à combattre et qu'il a victorieusement réfutées.

1.° Avant d'introduire les tissus animaux dans l'appareil de Marsh, on les carbonise ou on les décompose à l'aide de substances chimiques. On demandait si ces substances ne renfermaient point elles-mêmes de l'arsenic, et si cet arsenic n'était point la cause des taches obtenues.

M. Orfila a montré les procédés qui lui servent à éprouver ses réactifs, et en a ainsi prouvé la pureté.

2.° La putréfaction ne trahit-elle pas la présence de ce métal dans les viscères, qui n'en livrent pas aux réactifs lorsque la mort est récente?

Un foie humain, à l'état normal, a été abandonné à la putréfaction, carbonisé par l'acide azotique et introduit dans l'appareil de Marsh. Il n'a donné aucune tache arsenicale.

3.° Les terres de certains cimetières ne contiennent-elles pas de l'arsenic? Ne pourrait-il pas être transmis au cadavre et pénétrer dans les viscères par voie d'imbibition?

Il faudrait pour cela que cet arsenic fût soluble, et il ne l'est pas dans la terre où il rencontre beaucoup de sels de chaux et sur-tout de fer. Il faudrait aussi, la dissolution opérée, que l'imbibition pût le faire passer dans les viscères, et elle ne le peut pas.

4.° Outre les taches arsenicales, l'appareil de Marsh fournit aussi des taches de soufre, de fer, d'antimoine, de phosphore; est-il toujours possible de distinguer les premières des autres?

M. Orfila a indiqué les caractères qui rendent la distinction possible.

Aux détails que M. Belin avait donnés sur la forme et sur l'emploi de l'appareil de Marsh, il a ajouté la description d'un appareil dont l'invention est due à M. Adorne et qui est une modification du premier. Il a pour but d'empêcher les substances, lorsqu'elles deviennent écumeuses, de s'échapper au dehors. Mais il a des inconvénients que votre collègue vous a signalés et qui lui feraient préférer l'appareil de M. Marsh, modifié par M. Orfila.

Plus tard MM. Flandin et Danger lurent à l'Académie des Sciences un travail dont M. Orfila vint combattre à l'Académie de Médecine les principales conclusions. Ainsi, suivant les auteurs, du sulfite et du phosphite d'ammoniaque introduits avec de l'huile de Dippel ou de thérébenthine dans l'appareil de Marsh modifié, produiraient des taches parfaitement semblables à celles de l'arsenic. Mais M. Orfila mit sous les yeux de l'Académie, des taches de l'une et de l'autre sorte, et fit voir qu'il existe entre elles des différences qui donnent le moyen de les reconnaître facilement à l'œil nu. Traitées par les réactifs, elles offrent des caractères encore plus tranchés; mais ce qui achève de dissiper tous les doutes, c'est qu'en carbonisant complètement et conformément aux règles tracées, les viscères d'un individu qui n'a point été empoisonné, et en faisant entrer le decoctum aqueux du charbon dans l'appareil de Marsh, on transforme le sulfite et le phosphite d'ammoniaque qui auraient pu exister dans la matière organique en phosphate et en sulfate de la même base, et il devient alors impossible de se procurer la moindre tache.

Du reste certains sels métalliques, traités par les acides dans l'appareil de Marsh, peuvent être entraînés avec l'hydrogène, et, décomposés par ce gaz, produire des taches plus importantes que celles de MM. Flandin et Danger. M. Orfila en a fait lui-même la remarque à l'Académie de Médecine, mais en même temps il a indiqué les procédés propres à prévenir toute erreur.

Après cette dernière communication de M. Belin, M. Colin a fait observer que si les taches obtenues par M. Flandin et son collaborateur étaient, comme ils le disent, tout-à-fait semblables aux taches arsenicales, ils seraient parvenus à fabriquer de l'arsenic, et cette substance cesserait d'être un corps simple. D'ailleurs la tache n'est réellement significative qu'autant qu'elle est éprouvée par les réactifs ; or l'azotate d'argent pur suffit pour constater si elle est due à l'arsenic.

Une note sur la présence du cuivre dans certains condiments et spécialement dans les cornichons confits, vous a été lue par M. l'abbé Caron ;

Et un rapport vous a été fait par M. Belin sur des investigations auxquelles M. le docteur Le Roi l'avait engagé à se livrer. Il s'agissait de savoir si des accidents qu'avaient éprouvés quelques habitants de notre ville, n'avaient pas été occasionnés par des substances délétères contenues dans du cidre. M. Belin a reconnu dans cette boisson la présence du plomb réduit.

Vous vous rappelez sans doute les expériences qu'avaient entreprises, en 1835, plusieurs membres de votre section de chimie, pour reconnaître si le hérisson est insensible à l'action des agents toxiques, comme l'avaient avancé quelques auteurs. Un hérisson auquel vos collègues avaient fait prendre un peu plus de 16 centigrammes d'arsenic dans 4 grammes à peu près d'eau ordinaire, était mort à la suite de cette ingestion, et l'examen des voies digestives avait permis de constater des lésions sur divers points de la muqueuse. L'année suivante, de nouveaux essais ont été tentés par M. Belin. Une solution d'environ 5 centigrammes de chlorhydrate de morphine dans 15 grammes 62 centigrammes d'eau avalée au quart par un hérisson a, la première fois, simplement amené un sommeil profond ; mais la même dose a le lendemain déterminé la mort.

M: Colin et plusieurs autres membres de la section de chimie ont encore étudié l'action de l'acide cyanhydrique sur différents animaux, et celle de certaines substances que l'on regardait comme les antidotes de ce poison énergique. L'acide cyanhydrique a été administré à trois chevaux, et il en a fallu, pour obtenir un effet complet, une dose bien plus forte qu'on ne le croit généralement.

Enfin, M. Belin vous a entretenus d'un empoisonnement volontaire par la strychnine.

Sixième Partie.

Physique. — Mathématiques.

I. — M. Vannson a continué son cours de Physique. En examinant les propriétés des gaz et les phénomènes du calorique, il a été plus d'une fois conduit à vous citer des expériences et des découvertes que les noms de leurs auteurs recommandaient à votre intérêt. Ainsi en vous parlant de la pesanteur de l'air et de l'application du baromètre à la mesure des hauteurs, il a rappelé que M. l'abbé Caron avait déterminé, à l'aide de cet instrument, l'élévation de différents points de notre ville, et l'histoire de la chaleur lui a fourni l'occasion de signaler les changements qui venaient d'être apportés aux machines à vapeur, par votre correspondant, M. Galy Cazalat.

Il n'a pu terminer ce cours; de nouvelles fonctions l'ont éloigné de Versailles et vous ont privés de sa présence pendant trois ans.

La Physique a eu alors pour professeur, M. Madden, qui, reprenant les matières auparavant traitées par M. Vannson, vous a représenté dans un nouvel ordre, ce que son prédécesseur avait déjà fait passer devant vos yeux.

Son but était sur-tout de passer complétement en revue tous les phénomènes physiques produits par les agents qu'on nomme *attraction*, *calorique*, *électricité* et *lumière*, et de faire connaître les applications de ces théories aux usages de la vie, aux arts et à l'industrie.

Quelque attention que vous ayez jusque ici prêtée à toutes les parties de ce cours, les leçons dans lesquelles

M. Madden a fait voir l'emploi de la vapeur à la locomotion, sont celles que vous avez paru écouter avec le plus de faveur. Au moment où il abordait ce sujet, le premier de nos chemins de fer venait de faire disparaître l'espace qui séparait notre ville de la capitale, et cette coïncidence, soit qu'il faille l'attribuer à un heureux hasard, soit que nous la devions à une heureuse combinaison de M. Madden, donnait à une matière si importante d'ailleurs, un intérêt localet en quelque sorte même individuel.

Traçant d'abord l'histoire des essais qui ont été successivement entrepris pour employer la vapeur comme force motrice, il les a fait remonter à Héron d'Alexandrie, qui vivait 120 ans avant notre ère. Des appareils que ces tentatives ont produits, plusieurs n'ont été que conçus. C'est aux Français Salomon de Caus et Denis Papin qu'est réellement due la gloire d'avoir découvert les principes sur lesquels repose la construction de la machine à vapeur, et c'est l'Anglais Savery qui le premier les mit à exécution, en établissant une machine dont le moteur était la vapeur d'eau. La machine de Savery, au reste, ne rendit des services réels qu'aprés avoir été elle-même perfectionnée par Newcomen et Cawley. Sous le nom de machine atmosphérique, elle ne fut appliquée qu'à l'épuisement des mines.

Watt, dans le siècle dernier, y ajouta des perfectionnements trés importants. Mais la machine qu'il créa ainsi n'était d'abord qu'*à simple effet*. Bientôt après il imagina la machine *à double effet* qui est aujourd'hui une source de prospérité pour l'Angleterre, sa patrie, et généralement pour tout le monde industriel. D'autres physiciens sont encore venus, après Watt, apporter à la machine à vapeur, d'heureuses modifications.

En vous parlant de ces différents appareils, votre collègue vous en a donné des descriptions très détaillées et accompagnées de figures.

Ayant ainsi conduit la machine stationnaire à l'état où nous la voyons aujourd'hui, il a cessé de considérer la vapeur dans ses applications générales et l'a spécialement examinée comme agent locomoteur.

Il a d'abord fait ressortir dans une lecture rapide, les merveilles d'une puissance dont s'étonne souvent l'intelligence même qui la met en œuvre. Il a ensuite divisé son sujet en trois parties, consacrant la première aux locomotives, la seconde aux chemins de fer, la troisième aux locomotives et aux chemins de fer qu'il a alors rapprochés dans une seule étude. Ainsi, après avoir montré qu'on retirerait de grands avantages d'une locomotive et d'un chemin de fer, même en faisant fonctionner celle-là sur une route ordinaire et en faisant rouler sur celui-ci une voiture traînée par des chevaux, il a fait voir que l'on se procurerait des résultats complets en les appliquant l'une à l'autre.

Vers 1770, le docteur Robison, Murdoch et Watt en Angleterre, et Cugnot en France, proposèrent d'employer la vapeur à mouvoir des voitures. Ce fut Trevithick, élève de Murdoch, qui en 1802, montra le premier exemple d'une machine locomotive sur un chemin ordinaire. Deux ans après, il lança une seconde machine sur un chemin de fer. A dater de cette époque ces machines reçurent des perfectionnements continuels. En 1841, Stephenson eut l'heureuse idée d'utiliser la vapeur qui a fonctionné, en l'introduisant dans la cheminée dont elle augmente ainsi le tirage. Mais les locomotives n'atteignaient encore qu'une vitesse de deux ou trois lieues à l'heure; elles ne servaient qu'au transport du charbon de terre, et il est à remarquer que de tous les chemins de fer qu'elles parcouraient alors, pas un seul ne transportait des voyageurs. Cet emploi si borné dura jusqu'en 1830, époque à laquelle fut ouvert le chemin de fer de Liverpool à Manchester. L'année précédente, M. Seguin aîné avait introduit les locomotives en France sur le chemin de fer de Lyon à Saint-Etienne, et y avait apporté une modification de la plus haute importance; c'étaient des bouilleurs tubulaires dans lesquels la flamme et les gaz résultant de la combustion du charbon devaient passer avant d'arriver à la cheminée. Ces tubes traversent la chaudière dans sa longueur et contribuent à élever la température de l'eau qu'elle contient. Vers le même temps, Stephenson, inspiré par une conversation qu'il venait d'avoir avec Trevithick, plaça les cylindres sous la cheminée et protégea ainsi leur température contre le refroidissement qu'aurait occasionné l'atmosphère.

L'usage du jet de vapeur pour exciter le tirage de la cheminée, celui des bouilleurs tubulaires pour utiliser la plus grande partie de la chaleur, le placement des cylindres dans la capacité toujours chaude de la chambre à fumée, tels sont les trois perfectionnements qui ont doué les locomotives d'une force et d'une vitesse bien supérieures à tout ce que les premiers constructeurs avaient osé espérer. Depuis le concours qui eut lieu en 1826, au moment où allait s'ouvrir le chemin de Liverpool à Manchester, l'art de la locomotion, par la vapeur, a fait les plus rapides progrès; il semble que cet art n'ait pas eu d'enfance; il a grandi tout à coup, et ses développements ont frappé d'étonnement ceux qui en furent les témoins.

L'idée du chemin de fer est bien plus ancienne que celle de la locomotive. Depuis long-temps il était en usage dans les districts de l'Angleterre et de l'Allemagne, où la houille était exploitée. Les anciens, en établissant leurs routes, avaient soin de construire en dallage de pierres très dures, les parties exposées à être sillonnées par les roues. On employait à l'exploitation des mines et des carrières, des madriers que l'on ne tarda pas à recouvrir de bandes de fer. Enfin, en 1765, on substitua entièrement la fonte aux dalles et aux madriers, dans les comtés du nord de l'Angleterre, près des mines de charbon de terre. Mais comme la fonte présente une surface peu unie, et que d'ailleurs elle est sujette à se casser, elle fut bientôt remplacée par le fer. La forme, la longueur, le poids des rails ont subi mille changements, et l'expérience n'a encore donné aucune idée positive à ce sujet. La distance des rails était et est encore égale à celle des roues des voitures ordinaires. Toutefois, en Angleterre, M. Brunel fils a établi entre les rails un intervalle de deux mètres environ. Ce grand écartement lui permet d'employer des roues d'un plus grand diamètre, et des machines plus puissantes ; aussi a-t-il obtenu une vitesse de 22 lieues 1/3 et même de plus de 30 lieues à l'heure.

Dans les États-Unis d'Amérique, au lieu de construire des remblais et des chaussées, on élève sur les vallées d'énormes systèmes de charpente qui supportent les rails, et qui sont à la fois économiques, élégants et hardis.

Mais ce n'est pas seulement dans l'idée des chemins de fer, c'est aussi dans les détails de leur disposition qu'on a cherché les moyens d'augmenter l'action de la force motrice. Déjà avant notre siècle, on était parvenu à reconnaître qu'un fardeau peut être mû sur une surface plane et horizontale par une force qui représenterait la 250e partie de son poids; mais les conditions qui devaient conduire à ce résultat, se trouvaient rarement réunies; l'on avait à surmonter les difficultés provenant de l'inclinaison du plan de la route, des déviations et des aspérités qui rendent la surface inégale. On s'est appliqué, dans les chemins de fer, à vaincre ces trois espèces d'obstacles, et les moyens dont on s'est servi ont été expliqués par M. Madden.

Quant au service combiné des locomotives et des chemins de fer, il avait fait naître des craintes chimériques. Les premiers constructeurs avaient appréhendé que l'adhérence entre les roues travailleuses et la surface des rails ne fût pas assez grande pour fournir à elle seule, au remorqueur, un point d'appui suffisant. On eut alors recours à plusieurs moyens trés ingénieux, mais tous inutiles. Si l'on avait consulté l'expérience, on aurait reconnu que dans la plupart des circonstances où se trouve un convoi, l'adhérence entre la surface des roues et celle des rails suffit pour remorquer les charges ordinaires. Dans les cas où la résistance est trop grande, on fait agir la puissance de la vapeur sur deux paires de roues et l'on augmente ainsi l'adhérence.

J'ai dû, Messieurs, éviter des explications qui n'auraient point été claires si elles n'avaient été complètes, et écarter de cet exposé rapide tout ce qui ne conviendrait qu'à un véritable traité. Vous ne serez donc point surpris que je ne sois pas descendu dans les détails du mécanisme de la locomotive. Je ne rappellerai pas non plus les moyens dont on se sert pour calculer le travail d'une machine, calcul qui a pour but d'établir une relation entre la puissance de la machine et la résistance qu'elle doit vaincre; celle-ci est telle, que la locomotive, ce colosse de force mécanique, absorbe presque le tiers de sa puissance pour se mouvoir elle-même, avant de pouvoir remorquer un convoi. M. Madden a fait l'énumération détaillée de toutes les espèces de résistances, et d'un autre côté il a calculé la puissance d'une machine de dimensions données. En comparant ces deux éléments entre eux, il a fait voir que la résistance ou la charge traînée sera d'autant plus grande que la vitesse sera moindre, *et vice versâ.*

A l'étude du calorique, a succédé celle des phénomènes électriques, et, en ce moment, c'est à l'acoustique que M. Madden consacre ses leçons. Le jour même où il a commencé à vous en exposer les lois, M. le docteur Le Roi a eu l'idée de faire, devant vous, la démonstration anatomique et physiologique de l'oreille, en se servant d'une de ces pièces en carton-pâte dont l'emploi avait déjà été si utile à ses leçons zoologiques, et dont les dimensions rendent perceptibles jusqu'aux plus petits détails du mécanisme de notre organisation.

II. — La Société de l'Agriculture, des Sciences et des Arts de Lille vous ayant envoyé ses mémoires pour l'année 1838, la partie Mathématique et Physique de ce recueil a été le sujet d'un rapport que vous aviez demandé à M. Peyré.

Au mois de mars dernier, M. l'abbé Caron, qui nous présidait alors, vous a fait une proposition qui a été acceptée avec reconnaissance. Il a eu l'idée de vous faire entendre le jeune Henry Mondeux, que sa prodigieuse facilité à résoudre les problêmes d'arithmétique a rendu célèbre. Invité par notre président à assister à une de vos séances, l'enfant s'est présenté accompagné de son guide, M. Jacobi.

Un grand nombre de questions préparées avant la séance, lui ont été successivement adressées par plusieurs d'entre vous. Je vais en reproduire quelques-unes avec les réponses du jeune Mondeux.

1.° Le puits artésien de l'abattoir de Grenelle a 547 mètres de profondeur ; la somme employée au forage monte, dit-on, à 213,340 francs. A combien revient le coût de chaque mètre? — Réponse : à 394 fr. 02 cent.

2.° Une jeune personne a eu 20 ans le 4 mars présent mois. On désirerait savoir combien elle a de secondes aujourd'hui 9 mars, en tenant compte des années bissextiles. — Réponse : 631,584,000 secondes.

3.° Si, pour constituer une dot à cette jeune personne, on eût mis en réserve un centime par chaque seconde, quelle serait sa dot aujourd'hui 9 mars? — Réponse : 6,315,840 fr.

4.° Trouver le cube de 357. — Une première réponse présentait une erreur dans les cent mille. — Seconde réponse : 45,499,293.

5.° La somme des produits de deux nombres par 4 et par 7 est égale à 40; la différence des produits des mêmes nombres par 9 et par 2 est égale à 19. Quels sont ces nombres. — Réponse : 3 et 4.

6.° Composer 16 sous avec des pièces de 2 sous et de 6 liards.—Réponse : 5 pièces de 2 sous et 4 pièces de 6 liards, ou 2 pièces de 2 sous et 8 pièces de 6 liards.

7.° Si l'on retranche le carré d'un nombre de sa 4.me puissance, le reste est 240 ; quel est ce nombre ? — Réponse: 4.

8.° Quel est le nombre dont 8 fois le cube est égal à 32 fois ce nombre plus 203 ? — D'abord le jeune mathématicien a dit que ce n'était pas un nombre entier; puis il a trouvé que ce nombre était voisin de 3 $^1/_2$. Quelqu'un lui ayant fait observer que la solution donnée par l'auteur de la question était $^7/_2$, il a répondu que cela n'était pas possible; et en effet pour qu'il en fût ainsi, il faudrait énoncer le problème en ces termes : — Quel est le nombre dont 8 fois le cube est égal à 32 fois ce nombre moins 21?

9.° 2 fontaines jettent de l'eau dans un bassin ; la 1.re le remplirait seule en 1 heure 45′ et la 2.me en 1 heure 24′ ; mais un jet d'eau placé sur le même bassin le viderait en 35′. Combien ce bassin plein mettra-t-il de temps à se vider, quand l'eau coulera par les trois ouvertures à la fois? — Réponse : 2 heures 20′.

Tous ces problêmes ont été résolus par l'enfant sans qu'il eût recours au crayon ni à la plume.

III. — La mécanique se trouvant intimement liée aux phénomènes du calorique par le rôle important que remplit aujourd'hui la vapeur d'eau, j'ai vainement tenté de séparer ces deux branches de la Science.

Des détails circonstanciés sur l'érection de l'obélisque de Louqsor, vous ont été apportés par M. Sandras, qui avait été témoin de l'opération.

Voici la description que vous a donnée M. le vicomte de Beaucours d'une voiture qu'il venait d'imaginer et qui a fonctionné pendant deux mois à Versailles et dans les environs:

La *Niveleuse*, c'est le nom que lui donnait M. de Beaucours, avait quatre roues placées en croix, c'est à dire deux roues latérales, la troisième en avant et la quatrième en arrière. Elle pouvait tourner dans un cercle ayant pour diamètre l'axe même du char, et sa disposition permettait d'atteler promptement les chevaux au derrière aussi bien qu'au devant de la voiture. Elle possédait plusieurs autres avantages : car il en résultait, suivant l'auteur, 1.° plus de force d'impulsion, les quatre roues pouvant être fort rapprochées ; 2.° plus de rapidité dans les changements de direction, parce qu'il suffisait d'imprimer le mouvement à un seul des points d'appui ; 3.° moins de dommage pour les routes, les roues traçant autant de lignes différentes.

Ce nouveau train pourrait convenir à toute espèce de voiture; mais plus particulièrement aux voitures de roulage et aux chariots de transport.

Versailles si libéralement doté par les arts, réclame de la Science un service dont il sentirait vivement le prix. Les théories géologiques ayant détruit l'espoir qu'il avait d'abord fondé sur le forage de puits artésiens, c'est à l'hydraulique seule à lui procurer la quantité d'eau nécessaire à sa consommation. Les moyens d'arriver à cet important résultat ont été plus d'une fois recherchés, et un projet habilement conçu et clairement développé fit le sujet de deux mémoires qui vous furent alors adressés. Vous en remîtes l'examen à une commission qui eut M. Lacroix pour organe. L'approbation qu'elle donna au plan de M. Usquin trouva ensuite, comme vous le fit observer M. Colin, la sanction la plus complète dans un mémoire que publia M. l'ingénieur Poiré et dans lequel il s'agissait des travaux à exécuter à Marly dans l'intérêt de notre cité.

Mais la plus grande partie des communications que j'ai rassemblées dans cette série, sont dues aux découvertes de votre correspondant, M. Galy Cazalat.

Il est l'inventeur d'un appareil à l'aide duquel il parvient à élever l'eau dans un tube, en faisant agir directement la pression de la vapeur sur le liquide [1].

Vous saviez qu'il avait conçu le plan d'une machine locomotive qui devait avoir pour agent l'air chaud. Vous l'avez prié de vous en décrire lui-même le mécanisme, et il est venu remplir le désir qui lui était témoigné. Je chercherai à le suivre dans les développements auxquels il s'est livré.

[1] Communication de M. Colin.

Appliquée à la navigation et à la locomotion sur les chemins de fer, la vapeur d'eau aura toujours des résultats limités, à cause des masses énormes de liquide et de combustible dont elle nécessite l'approvisionnement. On conçoit que l'emploi direct de la force élastique des gaz échauffés ou fournis par la combustion en vase clos, pourra produire de plus grands effets dans les mêmes circonstances, puisqu'une partie de ces gaz est tirée de l'atmosphère et que leur force d'expansion est trois fois plus grande que celle de la vapeur d'eau. La meilleure manière d'appliquer la force élastique soit de la vapeur soit des gaz échauffés, c'est de l'employer à haute pression et avec détente, c'est-à dire de telle sorte que la vapeur ou le gaz, après avoir perdu par une première action une partie de sa force expansive, continue à agir jusqu'à la destruction complète de sa puissance élastique. Personne ne conteste qu'une machine à rotation immédiate, une machine qui met directement en application la force motrice, ne soit toujours la plus profitable, et que parmi les roues susceptibles de transmettre le mouvement imprimé par un liquide, la roue à tympan ne soit celle dont le travail utile se rapproche le plus de la quantité d'action communiquée. Or, dans la machine de M. Galy, l'air chaud et les gaz provenant de la combustion jouent le rôle de moteur et transmettent directement le mouvement aux roues d'une locomotive ou d'un bateau à vapeur, en agissant à haute pression et à détente sur des roues à tympan. Elle réunit donc toutes les conditions demandées.

Après ces préliminaires, M. Galy vous a présenté un petit modèle qu'il a fait fonctionner sous vos yeux. C'est une caisse contenant deux compartiments séparés par une cloison verticale et communiquant ensemble par une large ouverture pratiquée dans la partie inférieure de la cloison. La caisse est traversée par un arbre horizontal, ayant à ses extrémités une paire de roues de bateau à vapeur ou de locomotive. Il porte en outre deux roues creuses en forme de spirale. Ces roues à tympan, contenues chacune dans un des deux compartiments et tournées en sens contraires, sont placées de telle sorte que l'extrémité extérieure de la spire de l'une se trouvant dans la position la plus basse, l'extrémité de la spire de l'autre en est éloignée de 100°. De plus leurs cavités sont mises en communication par un tube qui réunit leurs axes.

Maintenant, que la caisse contienne une certaine quantité d'eau dont le niveau soit inférieur à l'arbre, l'eau entrera dans la première roue à tympan par l'ouverture de la spire qui y plonge, et si l'air du premier compartiment est comprimé par un moyen quelconque tel que l'insufflation à l'aide d'un tube adapté à la partie supérieure de la caisse, le niveau du liquide s'abaissera dans ce compartiment et s'élèvera d'autant dans l'autre, montera dans l'intérieur de la roue à tympan de celui-ci et déterminera sa rotation. Lorsqu'elle aura fait un tour, le piston liquide qui y aura été introduit par la pression de l'air, se déversant dans la seconde roue à tympan par son axe, contribuera, par sa chute, à faire tourner celle-ci dans le même sens que la première, et s'épanchera dans le second compartiment. Puis, un nouveau piston liquide sera introduit dans la première roue; les mêmes phénomènes se reproduiront, et le mouvement de l'arbre et de ses roues continuera, tant que la compression de l'air aura lieu. A chaque tour, une certaine quantité d'air s'introduira dans les premières roues à tympan, à la suite du piston liquide, et s'échappera par la seconde roue dans le second compartiment, d'où il sera rejeté par un orifice établi à la partie supérieure. Comme il aura, en s'échappant, une certaine tension, on pourra utiliser le reste de sa force élastique, en le faisant arriver successivement dans une série d'appareils semblables au premier et montés sur le même arbre.

Ces faits reconnus, que l'on se représente l'insufflation remplacée par un courant de gaz provenant de la combustion dans un foyer clos, et l'eau contenue dans la caisse changée en un liquide qui ne produise pas de vapeur, tel qu'un alliage de plomb et d'étain (soudure des plombiers) que maintiendrait en fusion le foyer même placé sous la caisse, on aura l'idée de la machine susceptible d'application.

Cette machine, de plus, est réellement inexplosible; car, si l'affluence des gaz ne leur permettait pas de s'échapper assez promptement par la voie indiquée, une partie traverserait le liquide, passerait dans le second compartiment par la large cloison qui le sépare de l'autre, et se dégagerait dans l'atmosphère comme la portion de gaz qui parcourt les roues à tympan.

Enfin, il est extrêmement facile de changer le sens de la rotation de l'arbre; car il suffit d'adapter au tube conducteur des gaz échauffés, un robinet à compartiments qui permette leur introduction, soit dans la première partie de la caisse, soit dans la seconde. Il faut aussi que le jeu du robinet puisse mettre à volonté la partie supérieure de chaque compartiment en communication avec l'atmosphère, pour faciliter l'échappement des gaz.

Plus tard, vous avez appris de M. Colin, que M. Galy avait introduit quelques modifications dans le mécanisme de son appareil. Ainsi il peut maintenant substituer la vapeur à l'air échauffé sans augmenter la capacité de la caisse et sans donner la moindre chance à l'explosion.

De plus, il met l'eau des deux cases en communication, non plus par une ouverture pratiquée à la partie inférieure du diaphragme qui les sépare, mais par un tube en arc qui plonge au fond du liquide.

Cinq ans auparavant, M. Galy vous avait exposé des idées générales sur les chemins de fer, et le projet qu'il avait formé d'une voie de communication entre Versailles et Paris, moitié par un chemin de fer, moitié par eau.

Il a apporté à la construction des grilles de fourneaux une amélioration qui est sur-tout applicable aux machines à vapeur.

[1] La hauteur des barreaux est augmentée, leur largeur diminuée ; ils sont en fonte creuse avec de petites ouvertures. On y introduit la vapeur au moment où elle vient d'épuiser son action sur la machine et où elle va se perdre. Ce courant de vapeur s'échappe ensuite par les fissures, empêche les barreaux de rougir, et par conséquent de s'oxider promptement; il favorise la combustion, tant par son action que par la décomposition de l'eau dont les gaz alimentent le foyer. Le charbon brûlant plus complétement, ne dégage presque pas de fumée, ce qui permet de le substituer au coke dans certaines usines. M. Galy évalue à dix pour cent l'économie du combustible, et des expériences, exécutées en grand sur un navire à vapeur, font espérer qu'elle pourrait s'élever jusqu'à trente pour cent.

Lorsqu'il ne s'agit pas de machines à vapeur, on peut faire des barreaux pleins ayant seulement une rainure longitudinale en dessus. Cette rainure, que l'on remplit de terre, suffit pour empêcher le contact du charbon incandescent et pour prévenir l'oxidation.

[1] Communication de M. Colin.

M. de Maupeou a imaginé deux appareils propres à prévenir l'explosion des chaudières à vapeur [1].

Le premier empêche l'eau de s'abaisser dans les chaudiéres. Il consiste en un flotteur de forme lenticulaire dont la tige verticale, guidée sans frottement, vient fermer, par son extrémité supérieure, une ouverture pratiquée dans la paroi de la chaudière, au sommet d'un petit cône creux. Cette occlusion a lieu seulement quand le niveau de l'eau est suffisamment élevé; et son abaissement, au-dessous d'une certaine hauteur, occasionnant celui de la lentille et de sa tige, l'ouverture donne alors issue à la vapeur, qui se trouve dirigée sur un siffleur dont le bruit avertit que les pompes ne fonctionnent pas convenablement.

Le second procédé est employé concurremment avec le premier. Il fait exercer la pression de la vapeur sur des disques de plomb pur, parfaitement homogènes, maintenus entre deux collets et dont les épaisseurs sont déterminées de telle sorte qu'ils se rompent, lorsque la tension de la vapeur a atteint les limites voulues. Un tube en S adapté à la paroi supérieure de la chaudière, et contenant une certaine quantité d'eau liquide dans sa partie la plus basse, sert à diriger l'action de la vapeur sur le disque de plomb, qui ne la reçoit ainsi que par l'entremise d'une petite couche d'eau; cette condition est indispensable pour que la rupture ait exactement lieu à la tension correspondant à son épaisseur.

Enfin, M. Maniaque a dressé et vous a présenté un tableau synoptique des machines à vapeur qui existaient alors dans notre département.

IV. Depuis que le génie de l'homme a tiré des phéno-

[1] Communication de M. Lacroix.

mènes du calorique des ressources si propres à étendre sa puissance, la théorie du fluide lumineux a reçu des applications qui sont moins importantes, moins audacieuses sans doute, mais qui ont également fait voir ce que l'intelligence humaine peut enfanter, lorsqu'elle est jointe à la persévérance.

J'ai eu l'honneur de vous rendre compte, il y a trois ans, des diverses tentatives qui ont conduit M. Daguerre à l'invention de son admirable procédé. Plus tard, M. Belin qui venait d'assister, avec M. Faure, aux expériences de cet ingénieux physicien, et en avait attentivement suivi tous les détails, vous les transmit avec une exactitude qui ne laissait rien à désirer. Enfin M. Colin, en exposant la théorie proposée par M. Donné pour expliquer les effets du Daguerréotypage, a remis sous vos yeux les circonstances d'une opération sur laquelle il serait désormais surperflu de revenir. Mais je ne saurais craindre de vous paraître trop prolixe, en décrivant ici l'appareil que M. Peyré a fait un jour fonctionner devant plusieurs membres de notre Société.

Le but de votre collégue, comme il vous l'a dit lui-même, n'a pas été d'apporter des perfectionnements ni des modifications aux expériences photographiques de M. Daguerre. Il s'est seulement proposé de les rendre moins onéreuses et plus faciles, en employant, comme instruments, des objets que tout le monde est à même de se procurer.

Après avoir nettoyé la feuille de plaqué suivant la méthode ordinaire, il la fixe, à l'aide de petites chevilles, sur une planche où un pied peut au besoin la maintenir dans une position verticale. Quatre appendices égaux en hauteur, la tiennent à une petite distance d'une raquette en bois qui lui transmettra la vapeur d'iode.

La chambre obscure de M. Peyré n'est autre chose qu'un pied de berceau d'enfant recouvert, sur toutes ses faces, d'une épaisse percaline noire. Sur un des côtés, une planche de bois reçoit un tuyau de poêle au fond duquel est disposée une lentille ordinaire. Dans la partie inférieure, une autre planche horizontale et divisée en parties égales, est destinée à *mettre au foyer*. On exécute facilement cette opération en introduisant la tête dans la chambre.

Il s'agit ensuite d'appliquer le mercure. Le porte-plaque est alors attaché à une muraille sous l'inclinaison de 45°. On chauffe une capsule qui contient le métal liquide, et l'on voit le dessin apparaître peu à peu.

M. Peyré vous a présenté une épreuve qu'il avait obtenue deux ou trois jours aprés les communications faites à l'Académie des Sciences par M. Arago. C'est certainement une des premières qui aient été produites, si l'on en excepte celles de M. Daguerre.

Vous devez encore à M. Peyré des considérations sur la polarisation de la lumière. Elles faisaient le sujet d'une note qui vous a été lue par M. Colin.

M. de Montferrand, alors membre résidant, vous a fait part d'une communication envoyée à l'Académie des Sciences par M. Cauchi, qui se trouvait à cette époque en Allemagne. Des expériences venaient de constater un fait que ce savant avait déjà déterminé par le calcul. C'est que la lumière, en traversant certains milieux, acquiert une intensité quelquefois triple et quadruple de celle qu'elle avait primitivement. Ce fait, comme vous l'a fait remarquer M. de Montferrand, est tout-à-fait défavorable à la théorie de l'émission, et rend raison des feux que jettent les diamants taillés.

Votre correspondant, M. Gaudin, ayant imaginé un

microscope dont la lentille est en grum-glass, quelques-uns de ces instruments vous ont été présentés par M. le docteur Le Roi.

V. Des phénomènes du fluide lumineux, je passerai, Messieurs, aux phénomènes électriques.

M. l'abbé Caron vous a raconté un fait qu'il empruntait à un journal américain et qui a eu lieu en 1837. Il s'agissait d'une singulière production d'électricité qui se manifesta tout d'un coup chez une dame, à l'instant où une magnifique aurore boréale commença à briller dans le ciel. Elle dura depuis le mois de janvier jusqu'au milieu du mois de mai, mais sans conserver la même force; car une température élevée contribuait à rendre l'électricité plus intense. Le médecin de la malade paraissait rattacher ce phénomène à une électricité animale, et regardait comme purement accidentelle la coïncidence de son apparition avec celle d'une aurore boréale.

M. Berger a rappelé alors une particularité dont il avait autrefois entretenu la Société et qui a de l'analogie avec celle que venait de citer M. l'abbé Caron. C'était une électricité prodigieuse que développait une jument, quand on l'étrillait. M. le docteur Balzac a attribué à la même propriété l'état d'un homme qui éprouvait une énervation extraordinaire, et qu'il guérit en lui persuadant de remplacer ses pantalons d'un drap très velu par des pantalons de drap ras.

En 1835, MM. Becquerel et Breschet se sont livrés en Italie à des expériences dont M. de Montferrand vous a communiqué les résultats. Ils ont apprécié la température propre des animaux à des hauteurs différentes; ils ont examiné le magnétisme terrestre à l'aide d'un appareil nouveau qui n'avait point d'aiguille et dont le zéro était l'état habituel du fer doux. Le même appareil leur a servi à déterminer l'état électrique de la Torpille, et ils paraissent avoir rectifié les observations antérieures.

Les travaux de M. Becquerel sur la phosphorescence ont été analysés devant vous par M. l'abbé Caron.

La pile présentée en 1839 à l'Académie des Sciences par M. Grave, se compose, vous a dit M. Colin, de sept couples fort petits dont les éléments sont le zinc et le platine. L'élément zinc a environ le volume d'un tuyau de plume ; l'élément platine est un petit ruban de ce métal. Le cylindre de zinc plonge dans l'acide chlorhydrique contenu dans le fourneau d'une pipe. Ce fourneau de pipe est lui-même inscrit dans une espèce de verre à liqueur de la forme d'un tonneau. Le verre contient de l'acide azotique, et une lame de platine enveloppe la pipe. Ces sept couples donnent une pile tellement puissante qu'au bout de trois heures, elle décompose encore l'eau avec une grande énergie.

Un procédé dont l'invention a suivi de près celle du Daguerréotypage et n'a point été accueillie avec moins de surprise, est l'Electrotypage, à l'aide duquel on obtient des médailles et toutes sortes de *fac simile* en cuivre. Il a reçu de M. Lefebvre des perfectionnements qui font le sujet d'un mémoire dont vous avez décidé l'impression.

Vous avez également fait imprimer le mémoire dans lequel M. Peyré a décrit les expériences d'Electrodynamique qu'il avait exécutées devant vous.

VI. — Ce qui terminera cette partie de mon travail, se rattache à la Météorologie.

En décrivant les diverses sortes d'anémomètres destinés aux observations météorologiques, et en indiquant les conditions qui peuvent donner à ces instruments la sûreté désirable, M. Lefebvre a signalé un mélange qui facilite beaucoup le glissement des rouages métalliques.

Il consiste en trois parties égales d'onguent mercuriel, de litharge et de graisse.

M. l'abbé Caron vous a rendu compte des observations qui ont été faites depuis 1815 jusqu'à 1823 dans les environs de Londres par M. Luke Howard. Le but de l'observateur était de déterminer l'influence des phases de la lune sur la hauteur moyenne du baromètre, sur la température moyenne de l'atmosphère et sur la quantité de pluie. Les résultats de ces recherches font voir que dans le cycle lunaire, l'approche du dernier quartier coïncide avec le retour du beau temps.

Des tableaux d'observations faites à Versailles vous ont été remis par M. Lefebvre qui avait constaté à l'aide du thermomètre, du baromètre, et de l'anémomètre, l'état de l'atmosphère pendant les mois de février, d'avril, de mai, de juin, et d'août 1837.

C'étaient les seuls documents de ce genre dont vous fussiez en possession, lorsqu'au mois de février dernier, vous fûtes invités à faire parvenir tous ceux que vous auriez pu recueillir à M. le ministre de l'agriculture et du commerce qui se proposait de les publier dans la statistique générale de France. Vous comprîtes alors que les observations météorologiques devaient occuper une place importante parmi les travaux d'une Société qui veut surtout donner à ses recherches scientifiques un intérêt départemental; et pour assurer à ces observations la continuité et l'exactitude qui peuvent seules leur prêter quelque valeur, vous avez jugé nécessaire d'en charger spécialement un de vos collègues. C'est à M. Madden que ce soin a été confié.

Dans la nuit du 24 mars 1836, M. Lacroix a observé, ainsi que plusieurs autres habitants de la ville, une étoile filante se dirigeant du nord au sud. Après avoir parcouru un arc de 60° à partir du nord de l'horizon, elle s'est divisée en sept ou huit globules très éclatants, peu éloignés les uns des autres, quoique bien séparés, et dont le plus gros présentait un diamètre apparent de 3 centimètres environ.

Mais le 18 février 1837, le ciel a offert aux observateurs un phénomène d'autant plus intéressant qu'il est très rare sous nos latitudes, une aurore boréale. C'est M. l'abbé Caron qui vous en a donné la description.

Elle s'est manifestée le soir vers sept heures et demie. Elle formait un arc de cercle qui s'étendait du nord-nord-ouest au nord-nord-est. Sa plus grande hauteur était de 35 à 40°. La partie occidentale formait une bande rouge assez grande ; la partie orientale était moins brillante. Les journaux de Paris ont annoncé qu'on avait vu des gerbes flamboyantes s'élancer vers le zénith ; M. l'abbé Caron n'a rien remarqué de semblable; la partie du ciel renfermée dans l'arc était d'une couleur verdâtre, mais sans nulle scintillation. Vers huit heures et demie, un vent sud-ouest s'éleva ; aussitôt l'atmosphère s'obscurcit; le ciel se couvrit d'un voile nébuleux à demi-transparent et l'aurore boréale disparut. D'autres détails sur le même phénomène vous ont été communiqués par M. Gaudin.

M. l'abbé Caron vous a fait remarquer la coïncidence des ouragans des 19 juin et 18 juillet derniers avec les époques de la nouvelle lune et de son périgée, coïncidence signalée par divers météorologistes dans le relevé de leurs observations.

Il a fait voir comment des phénomènes souvent attribués à des causes extraordinaires peuvent être facilement expliqués par les lois de la nature.

Il y a quelques années, par exemple, M. Pontus, professeur à Cahors, communiqua à l'Académie des Sciences un fait dont il venait d'être témoin. Un nuage très épais ayant crevé, des voyageurs se virent assaillis par une pluie de crapauds qui couvrirent le sol au point de former jusqu'à trois ou quatre couches superposées les unes aux autres. Ces animaux étaient-ils réellement tombés du haut des airs? Faut-il croire avec quelques naturalistes que les crapauds puissent être engendrés dans l'atmosphère et reconnaître, dans le fait dont il s'agit, une preuve favorable au système des générations spontanées? Non, car l'auteur déclare que les siens avaient un volume d'un à deux pouces cubes, et pouvaient avoir d'un à deux mois d'existence. Or, comment supposer qu'ils eussent atteint cet âge et acquis cette grosseur en restant suspendus dans l'air? Les crapauds pullulent beaucoup, puisque chaque femelle pond jusqu'à 1,200 œufs; ils séjournent ordinairement dans des endroits marécageux; ils en sortent dès qu'il tombe une pluie un peu chaude, et la terre s'en trouve alors jonchée. De là une erreur si généralement répandue. Il est d'ailleurs facile de concevoir que dans les temps d'orage, le vent, en tourbillonnant, enveloppe les jeunes crapauds qui couvrent la terre, les enlève et les transporte en masses agglomérées à des distances plus ou moins grandes.

On sait que dans certaines régions de l'Asie et de l'Afrique, il apparaît tout à coup des légions de sauterelles dont les masses immenses sont emportées dans les airs et obscurcissent le ciel. Soit que ces insectes s'abattent d'eux-mêmes sur les points qu'ils veulent exploiter, soit qu'un ouragan les y précipite, la chute de ces pluies vivantes n'a rien de merveilleux.

On a cru aussi à des pluies de cendres; mais personne n'ignore plus aujourd'hui qu'elles sont dues aux éruptions volcaniques.

Lorsqu'à l'époque de la floraison des pins, on secoue les branches d'un de ces arbres, on en voit sortir des nuages d'une poussière jaune qui n'est autre chose que le pollen des étamines. Or, si à cette époque un vent impétueux vient fondre sur une forêt d'arbres résineux, les flots de cette poussière seront transportés au loin. C'est là la véritable source d'où émanent les pluies de soufre.

Les taches rouges que l'on remarque quelquefois sur le sol, la couleur de sang que prennent en certaines saisons les eaux des mares et des bassins, les gouttes rougeâtres que l'on a vu tomber dans quelques endroits, doivent être attribuées aux sécrétions d'une foule de petits papillons qui viennent de subir leur métamorphose, à la présence d'une multitude d'insectes aquatiques, à des matières qui, recueillies et analysées, ont présenté une composition analogue à celle des aérolithes. Quant aux neiges rouges, elles doivent leur brillante couleur à une agglomération de petites plantes cryptogames dont l'espèce est connue des botanistes sous le nom d'*uredo nivalis*.

On a en outre observé des pluies de feu; un naturaliste distingué a vu, à deux reprises différentes, la pluie étinceler et s'enflammer en touchant la terre. Il regarde cette scintillation comme l'effet d'une forte électricité dont les gouttes d'eau étaient chargées.

Enfin un mémoire de M. l'abbé Caron, sur les oscillations périodiques de l'électricité atmosphérique et sur celles du mercure dans le baromètre, vous a été lu par l'auteur. L'électricité atmosphérique éprouve toute l'année deux oscillations qui sont d'autant plus marquées que le soleil est plus élevé sur notre hémisphère, et qui, par conséquent, n'ont pas les mêmes limites dans tous les mois. De mai à octobre, elles acquièrent le matin leur minimum vers quatre heures, et leur maximum entre huit et neuf ; le soir leur minimum vers quatre heures, et leur maximum entre dix et onze. Ces variations coïncident avec celles du mercure dans le tube barométrique ; mais les oscillations du mercure sont constantes dans toutes les saisons, tandis que les oscillations électriques ne sont régulières qu'entre les tropiques.

Septième Partie.

ASTRONOMIE.

En 1839, les vacances avaient surpris M. Faure au milieu d'un cours élémentaire d'Astronomie qui avait eu déjà quatorze leçons. Il vous proposa alors de le fondre dans un nouveau cours dont la durée ne devait pas excéder celle de l'année scholaire. Cette offre fut acceptée ; mais la santé du professeur ne lui permit pas de se faire entendre plus de trois fois.

Le 12 novembre 1839, M. Faure vous ayant fait remarquer que ce jour était celui où, d'après l'indication des astronomes, devait apparaître le plus d'étoiles filantes, vous a donné des détails sur ces météores. L'opinion de Laplace, qu'il avait cité et qui compare les étoiles filantes aux laves des volcans, a été combattue par M. Huot, et M. l'abbé Caron a fait observer que l'époque de l'apparition de ces bolides n'était pas bien certaine, puisque des astronomes la plaçaient au 17 ou au 18 novembre.

Le jour même (18 février 1837) où paraissait l'aurore boréale dont M. l'abbé Caron vous a entretenus [1], se manifestait un autre phénomène ; mais le premier était inat-

[1] Voyez page CLXVIII.

tendu; tandis que le dernier avait été prévu et annoncé. Il s'agit ici de l'occultation de Mars par la lune [1]. C'est à 11 heures 9 minutes que la lune, dans sa marche, est venue s'interposer entre Mars et la Terre. Le ciel ayant été pur jusqu'à 9 heures, on pouvait espérer de voir cette sorte d'éclipse qui devait durer 1 heure 9 secondes; mais l'air s'étant ensuite obscurci, cet espoir a été déçu.

Dans une autre séance, M. Huot vous a fait part des données que les théories géologiques peuvent procurer sur la constitution des montagnes de la lune.

Ce sont là, Messieurs, les seuls matériaux que l'Astronomie ait pu fournir à mon rapport.

Huitième Partie.

GÉNÉRALITÉS.

A cette partie se rapportent :

Les nouvelles scientifiques que j'ai eu l'honneur de vous apporter pendant plusieurs années consécutives, le premier mardi de chaque mois, avant que vous m'eussiez appelé aux fonctions de secrétaire ;

Le rapport que vous a lu M. Gaston de Ménil Durand sur les Mémoires de la Société Polymatique du Morbihan ;

La communication qu'il vous a faite sur une école gratuite de préparateurs d'histoire naturelle qui venait d'être établie à Saint-Bertrand-de-Comminges;

Celle de M. Philippar sur plusieurs collections d'histoire naturelle existant chez des particuliers;

[1] Communication de M. l'abbé Caron.

Les notes que vous a lues M. le docteur Le Roi au nom de votre correspondant, M. le docteur Berigny, et que ce dernier avait reçues de M. Dumoutier. M. Dumoutier les avait prises pendant le voyage de circumnavigation qu'il avait fait sur la corvette l'*Astrolable ;*

Les détails que vous a donnés, au mois de novembre 1835, M. le docteur Edwards, sur le mouvement intellectuel qu'il avait eu récemment l'occasion d'observer lui-même dans les départements formés de l'ancienne Bretagne, et sur les associations scientifiques qu'il y avait trouvées ;

La description d'une voie romaine dont les ruines existent encore à Saclas, près Étampes, et que M. Lacroix avait soigneusement étudiée. Il avait sur-tout examiné la qualité des matériaux et le mode de construction ;

Enfin, la notice biographique rédigée par M. le docteur Balzac sur un de nos collègues, M. Pons, que la mort venait de nous enlever.

Ici encore vient se placer ce qui concerne la philosophie de la science ; car cette matière n'a pas non plus manqué à vos séances, et se présente à propos pour servir de complément à ce compte-rendu.

Déjà M. le docteur Balzac s'était livré à des observations sur les vices que présentent en général aux esprits philosophiques la plupart des méthodes de classification adoptées par les naturalistes ; il avait exprimé le désir d'entendre quelque membre de la Société traiter plus complétement ce sujet, lorsqu'au mois de février 1838, M. Bouchitté entreprit de faire, dans une série de communications, l'examen critique de la méthode scientifique. N'ayant point trouvé dans les procès-verbaux de vos séances, des documents suffisants pour rédiger une analyse détaillée des leçons de votre collègue, j'ai eu recours à son obligeance, et vous devrez, Messieurs, à cette heureuse lacune, le plaisir de l'entendre s'exprimer lui-même.

« L'observation et l'étude de la méthode à suivre dans les recherches qui se rattachent aux sciences physiques et naturelles, méritent d'attirer l'attention du philosophe, qui doit en examiner la légitimité, la portée, et déterminer la nature des modifications qu'elle peut recevoir.

« La méthode d'observation est, en général, donnée et acceptée comme nouvelle. Cette opinion n'est pas complétement justifiée par l'histoire. Il y a eu, dans tous les temps, trois conditions nécessaires de toute recherche scientifique : 1.° l'observation du fait ou de l'objet perçu ; 2.° l'analyse de ses éléments principaux ; 3.° l'induction qui recherche la cause de son être et la loi de son développement. La marche et l'esprit qui dirige l'induction dépendent beaucoup des connaissances acquises et de la nature de l'intelligence du philosophe ou du savant qui la poursuit.

« La *première observation* parmi les hommes a été la contemplation du monde ; la *première analyse*, la distinction des objets qui le composent ; la *première induction*, l'idée confuse d'une cause universelle et active.

« Dans l'impossibilité de déterminer, même vaguement, l'état des sciences en Orient, nous regardons comme le premier document historique de l'état de la science chez les anciens, le morceau d'Aristote, qui occupe les chapitres 3 et 4 du I.er livre de la Métaphysique.

« Le caractère de l'observation, dans ces temps reculés, est la *totalité* et l'*immensité* des objets qu'elle embrasse. C'est pourquoi, à cette époque, la physique se confondait avec la théologie. L'analyse en était nécessairement incomplète et superficielle, l'induction hasardée et confuse, d'autant plus qu'elles ne s'appuyaient ni l'une ni l'autre sur une culture d'esprit antécédente.

« Ce défaut de précision se fait remarquer dans les systêmes de Thalès, d'Anaxagore, d'Empédocle, d'Hésiode, de Parmenide, etc. On y voit déjà poindre la différence du point de vue analytique et du point de vue synthétique, qui, tous deux en se développant, trouvent bientôt chacun leur organe, celui-ci dans Platon, le premier dans Aristote. Par ce seul caractère de son génie, le dernier de ces philosophes dut exercer dans les sciences physiques et naturelles une plus durable influence que son maîto

« Le moyen-âge n'eut pas de science, à proprement parler. Aristote, aidé de l'Église, imposa aux esprits la forme précise et serrée de son génie classificateur. Le moine anglais Roger Bacon recommanda l'expérience au XIII.e siècle, et l'alchimie, sortie d'une source mystique, mêla ensemble l'observation, l'allégorie et la théologie.

« Il est inutile de rechercher si la réforme religieuse du XVI.e siècle exerça une influence sur la réforme scientifique; il suffit de remarquer qu'un mouvement universel d'indépendance agitait les esprits vers ce temps. Plusieurs réformateurs scientifiques sont restés orthodoxes.

« Trois réformes principales commencent cette ère nouvelle : 1.° réforme du systême du monde par Copernic (1507-1530); 2.° pesanteur de l'air, Galilée, Torricelli, Pascal (1643-1647); 3.° gravitation, Newton (1666-1686).

« De ces trois réformes, la première semble la négation complète et non l'explication du phénomène observable; l'induction y nie l'apparence. Ce fait est d'autant plus remarquable, que l'induction de Copernic est plus rationnelle que mathématique. — Copernic avait observé les phénomènes célestes dans le but bien arrêté de les expliquer. La partie expérimentale de la pesanteur de l'air fut due au hasard; mais, dans le premier cas, les observateurs mirent la nature dans des circonstances où elle dut s'expliquer elle-même sur la valeur de leur théorie; et dans le second, les mouvements du ciel ne laissèrent aucun doute sur la fidélité des calculs par lesquels Newton avait formulé sa découverte. — En comparant cette marche à celle des anciens, on y trouve le fait plus circonscrit, l'analyse par conséquent plus précise et plus complète, l'induction plus éclairée.

« De tous ces réformateurs, Copernic est le seul qui précéda Bacon. Dans son grand ouvrage intitulé : *Instauratio magna*, et divisé en deux parties, le *De Augmentis scientiarum* et le *Novum organum*, il est à remarquer que Bacon ne reproche pas à ses devanciers de négliger l'expérience, mais seulement de procéder par des analyses incomplètes et des inductions hasardées. — En résolvant les uns dans les autres les différents points traités par ce grand homme, on peut construire l'échelle de gradation scientifique suivante : 1.° *Physique concrète*. Exemple : l'observation pure et simple de l'ascension de l'eau à la hauteur de trente-deux pieds. 2.° *Physique abstraite*. Exemple : la loi de la pesanteur de l'air, premier degré de l'induction. 3.° *Métaphysique*. On arrive à ce point du travail de l'esprit, lorsque, partant des limites restreintes de la loi qui régit le phénomène particulier, la science s'élève à des lois plus vastes qui embrassent ou un plus grand nombre de phénomènes divers, ou l'ensemble même de tous les phénomènes de l'univers. — Les applications utiles de la science, dont Bacon s'occupe, appartiennent à un ordre d'action étranger à la donnée purement philosophique. — Dans le *Novum organum*, Bacon s'est sur-tout appliqué à décrire le procédé de l'induction scientifique, et à montrer en quoi elle diffère de l'induction logique, qui n'est qu'une forme de syllogisme. Les nombreuses régles dont Bacon fait suivre cette partie restée incompléte de ses ouvrages, sont loin d'être exemptes de subtilités et d'erreurs.

« En résumé: Dans la pratique Copernic, Galilée, etc, dans la théorie, Bacon, ont fait passer l'esprit humain de l'état aventureux d'une induction téméraire, à l'induction prudente et graduée qui régle maintenant la marche des sciences physiques et naturelles.—C'est une vérité acquise à l'esprit humain, quelle que soit désormais sa destinée, elle a sa place et une place immense dans le développement de l'intelligence humaine. — La critique faite par quelques personnes de l'état actuel de la science, par préférence exclusive pour le procédé *à priori*, n'appartient qu'à des esprits irréfléchis, encore toutefois que nous croyions devoir faire nos réserves pour ce qui pourrait y avoir de vrai au fond de leur reproche.

« Après avoir établi l'époque précise où la nouvelle méthode scientifique a pris possession des esprits, et indiqué sommairement ce qu'elle est, d'aprés la description qu'en a donnée Bacon, essayons de nous faire une idée juste de la science.

« Deux préoccupations également fausses dominent un grand nombre d'esprits. L'utile donné comme but à la science; l'explication quelconque des phénomènes observés, donnée comme la science elle-même.

« La science est elle-même le but qu'elle se propose. Mettre en ce point l'utile à sa place, c'est confondre ses applications avec le principe qui la constitue. Si l'utile pouvait devenir aux yeux de tous l'objet de la science, les savants abandonneraient bientôt la recherche des lois de la nature, pour en chercher uniquement les applications industrielles. L'ardeur de la science est heureusement soutenue par des désirs plus élevés.

« Il n'est pas vrai, non plus, que la science consiste dans des explications plus ou moins satisfaisantes des phénomènes. La science a pour but les explications vraies, c'est-à-dire celles qui reproduisent les loix mêmes qui président aux révolutions de la nature. L'observateur ne serait point soutenu dans ses efforts, s'il n'espérait trouver que des explications plus ingénieuses que réelles. Il a lui-même confiance dans la vérité des lois auxquelles il s'élève par l'induction, et l'admiration du vulgaire pour les grandes découvertes tient à ce qu'il croit à leur réalité absolue.

« Sans doute on s'est souvent trompé. Mais il vaut mieux, pour le genre humain, croire quelque temps à l'erreur, que désespérer d'atteindre la vérité. Il faut surtout se garder du découragement, et les essais, souvent malheureux de la science, tiennent sans doute à une loi providentielle qui n'accorde qu'au courage et à la persévérance la possession de la vérité. Si l'on pouvait faire prévaloir la doctrine des explications plus ou moins ingénieuses, on prendrait bientôt l'habitude de les trouver toutes satisfaisantes, et tout mouvement s'arrêterait.

« Quels sont les moyens que l'homme trouve dans sa nature intelligente, pour satisfaire à ce besoin de connaître ? Ce sont : 1.° l'observation des faits ; 2.° la spontanéité de l'intelligence, agissant selon diverses méthodes, et sous l'influence de certaines formes nécessaires qui la constituent ce qu'elle est.

« Cette action de l'intelligence n'est pas la même dans toutes les sciences. Dans les sciences morales, les faits observés sont appréciés et jugés par les idées *à priori*, telles que celles du bien, du beau, du juste, etc. Dans les mathématiques, les propriétés perçues clairement dans un seul objet, se généralisent nécessairement et absolument ; dans les sciences physiques et naturelles, au contraire, les faits observés ont besoin d'être nombreux, et même, recueillis en nombre suffisant et bien observés, ne donnent-ils le plus souvent que des probabilités et des lois très secondaires. Dans certains cas, comme dans la pesanteur de l'air, l'induction s'élève jusqu'à la cause immédiate du phénomène observé; dans certains autres, la science se borne à la description aussi fidèle que possible du fait étudié; description qui peut devenir plus ou moins féconde pour les solutions ultérieures de faits analogues.

« Chaque science tend naturellement à l'unité dans le cercle des faits qu'elle embrasse. Toutefois, peu d'entre les sciences se préoccupent d'atteindre ce but. La chimie est celle dans laquelle cette tendance se révèle avec le plus de force et de succès.

« C'est à tort que l'esprit contemporain s'est préoccupé de la supériorité de l'analyse sur la synthèse. Ces deux éléments de la méthode se montrent dans tous les travaux de l'esprit, mais ils ne sont pas les seuls. Il faut encore y joindre l'induction et la déduction.—Tous ces procédés, s'appuyant les uns sur les autres, constituent la méthode scientifique, et doivent être employés avec prudence et à propos.

« Le premier acte de l'homme, dans son besoin de connaître, est de classer les objets qu'il veut étudier. Tel est aussi le travail de toute science. Nécessairement la classification est d'abord confuse et disproportionnée dans ses diverses parties; mais elle se précise plus tard. Nous sommes dans cette période de la classification. Mais la précision obtenue par la science contemporaine est due sur-tout à ce qu'elle néglige le plus grand nombre de caractères des objets à classer, pour s'attacher le plus souvent à quelques-uns et même à un seul. Elle ne remplit donc pas le but de la classification qui doit représenter les êtres dans la place même qu'ils occupent dans le plan de la Providence. La classification qui représentera cet état vrai des êtres, sera la dernière, car elle suppose la science complète.

« Il y a donc entre la classification confuse qui commence toute science, et la classification vraie qui la termine, une suite de tentatives de classifications, toutes dépendantes du point de vue dans lequel se place l'observateur, et de l'état de la science à l'époque où elles sont essayées.

« Les deux écueils extrêmes de toute classification consistent à séparer les objets par la considération exclusive de leur différence, ou à les réunir par la considération exclusive de leurs analogies. Ces deux excès arriveraient par des chemins contraires au même résultat, c'est-à-dire, à l'anéantissement de la science; le premier, en descendant de différence en différence jusqu'à l'individu; le second, en unissant toutes choses dans un seul type, et ne donnant qu'une seule solution à tous les problèmes.

« Quoi qu'il en soit, l'esprit de la science veut que les classifications s'opèrent sur l'appréciation de l'ensemble des caractères des êtres, et non sur des caractères isolés et peu importants.

« A la base de toutes les sciences naturelles, se trouvent la chimie et la physique. C'est à elles, si elles étaient complètes, que les autres sciences emprunteraient la solution des problèmes qu'elles se posent. — La chimie a pour objet de rechercher l'essence de la matière ou les éléments simples des corps, ainsi que les combinaisons par lesquelles ils s'unissent. Elle est marquée, sans doute à cause de son but, par une unité systématique, qui se produit, comme involontairement, à chacune des révolutions qu'elle subit. — La physique s'attache à découvrir les propriétés des corps, et à en étudier les lois. — Ses parties, distinctes jusqu'à présent, ne lui permettent pas d'aspirer à une unité aussi évidente que la chimie. — La résolution de quelques unes de ses parties les unes dans les autres (Electricité, Galvanisme, Electromagnétisme) n'empêchent pas que quelques autres, (Pesanteur, Acoustique, Optique, etc.) n'aient aucun lien qui les réunisse. — La physique s'est encore circonscrite davantage en se bornant à l'étude des propriétés et des lois des corps inorganiques. — Quelle que soit la juste prudence de ceux qui la cultivent, elle doit tendre cependant à étudier aussi les forces vives de la nature, celles qui se manifestent sur-tout dans les êtres organiques et dont s'occupe la physiologie. C'est avec raison que les médecins se sont autrefois appelés physiciens. La réaction perpétuelle des forces de la vie et des propriétés de la nature inorganique les unes sur les autres, appelle la science à une unité dont il ne faut pas précipiter l'avénement, mais qu'il ne faut pas redouter. — La physique doit se préparer à cet avenir.

« Jusqu'à présent les solutions trouvées par les sciences physiques et naturelles sont de deux sortes; les unes produites par la généralisation pure et simple des faits observés, les autres par des hypothèses explicatives, quelquefois avouées pour des hypothèses, quelquefois données pour des réalités. — Sans pouvoir être regardé comme le dernier mot de la science, le fait généralisé avec sagacité et avec prudence, peut avoir d'importants résultats, car il suffit souvent d'en transformer l'expression pour arriver à une véritable loi. Il est rare que le fait généralisé ne se lie pas à quelque hypothèse qu'il provoque, sur-tout quand l'observation a été bien faite. — Il y a peu de lois connues qui soient autre chose que des hypothèses; mais cette considération ne suffit pas pour les rejeter. — L'hypothèse est le moyen donné à l'homme pour essayer ses forces, pour s'arrêter dans la marche lente et progressive des recherches scientifiques; elle sert à résumer le travail déjà fait, et l'examen auquel on la soumet le plus souvent est une source de connaissances et de vues nouvelles.—L'hypothèse est la voie nécessaire entre la simple observation et la science définitive des lois véritables de la nature. — La conception atomistique de la matière, sur laquelle reposent à peu près toutes les théories scientifiques actuelles, est une pure hypothèse. — Il en est de même de la notion de force, telle que Leibnitz l'a opposée à la théorie atomistique renouvelée par Newton, quoiqu'elle soit cependant plus rationnelle.

« Il est facile de voir, par ce rapide tableau, que les sciences appellent, les unes de la part des autres, un mutuel secours, puisque les principes fondamentaux de celles qui ont pour objet l'étude de la matière, relèvent eux-mêmes des sciences abstraites.

« Ainsi doit s'éteindre dans un avenir prochain, l'opposition qui s'est naturellement établie à leur point de départ, entre les diverses classes de recherches qui, tout en conservant leur caractère et leur place distincts, laissent déjà entrevoir le lien qui doit les réunir. »

Ici se termine, Messieurs, la partie la plus laborieuse de ma tâche; mais quelque longue qu'elle ait dû vous paraître, il manquerait quelque chose à ce rapport, si je n'arrêtais un instant vos regards sur l'histoire de la Société.

Chaque année, un sentiment de reconnaissance vous engageait à conférer votre présidence à M. le docteur Edwards, qui avait jeté les premiers fondements de notre institution. Au mois de novembre 1835, M. Edwards, craignant que votre choix, enchaîné par l'usage, ne perdît de son indépendance, vous envoya sa démission et vous pria de porter vos suffrages sur un autre de vos collègues. Ils s'arrêtèrent alors sur M. l'abbé Caron, et, à dater du mois de mai suivant, d'année en année, sur MM. Colin, Bouchitté, le docteur Le Roi, Edwards, l'abbé Caron, et enfin sur M. Philippar, qui vous préside en ce moment.

Les occupations de M. le docteur Balzac ne lui ayant pas permis de continuer à remplir les fonctions de Secrétaire, vous l'avez vu, avec un vif regret, les résigner, et vous avez bien voulu me les confier au mois de novembre 1839. Qu'il me soit permis d'adresser mes justes remercîments à MM. Lacroix et Hippolyte Blondel, vos deux Vice-Secrétaires, dont le zèle a si puissamment secondé le mien.

Vos votes n'ont pas cessé d'appeler à l'emploi de Trésorier M. Belin, ni de lui décerner, dans vos séances réglementaires semestrielles, les témoignages de reconnaissance que vous a paru mériter son dévouement à la fois si actif et si éclairé.

Vos sections ayant reçu leur organisation définitive, et se trouvant spécialement chargées de la formation et du classement de vos collections, vous avez apporté au nombre et aux attributions de vos Conservateurs, des changements nécessités par ce nouvel ordre de choses. Chaque section a son bureau dont ces fonctionnaires font partie, et chaque bureau aujourd'hui se trouve ainsi composé :

	PRÉSIDENTS. MM.	CONSERVAT. MM.	SECRÉT. MM.
Géologie et Minéralogie	Huot.	Lacroix.	Veytard.
Botanique	Philippar.	Delorme.	Rabourdin.
Conchyliologie, etc.	Vandenhecke.	Belin.	Veytard.
Entomologie, etc.	De Jousselin.	Blondel.	Chazeray.
Zoologie des vertébrés	Berger.	Leduc.	***
Physiol. et Anat. comparées. .	Noble.	Le Roi.	***
Chimie.	Colin.	Jousselin.	Sallior.
Physique et astronomie	Caron.	Lefebvre.	Néglet.

Votre bibliothèque, qui ne pouvait être assimilée aux autres collections, est remise aux soins particuliers de M. le docteur Le Roi.

Des dons nombreux ont accru vos richesses scientifiques. L'énumération en serait trop longue, mais il en est que je ne puis me dispenser de signaler.

Ce sont d'abord, en objets géologiques et minéralogiques : une caisse d'échantillons que vous a envoyés du département du Puy-de-Dôme M. Félix du Chasseint; une collection géologique du département de la Moselle, que vous avez reçue de M. Lasaulce; trois caisses remplies dans l'expédition de la corvette *la Bonite,* par M. le lieutenant de vaisseau Touchard, et une grande quantité de minéraux et de fossiles rapportés par M. Huot, de ses excursions géologiques et de ses voyages en France, en Allemagne, dans la Russie méridionale, et dans l'Anatolie. L'échantillon de Saphirine, que vous tenez de M. de Chesnel, a pris rang aussi dans votre armoire minéralogique, où il est compté comme une des substances les plus rares et les plus curieuses.

Parmi les membres résidants et correspondants qui ont le plus contribué à enrichir votre herbier et votre grainier, je nommerai MM. Philippar, de Ménil Durand, de Brébisson, Labbé, Steinheil, l'abbé Vandenhecke, Pajar et Eugène de Boucheman. Ce dernier vous a fait remarquer, au nombre des plantes qu'il vous a données, un *Silene noctiflora* et un *Tormentilla reptans.* Le premier de ces deux échantillons appartient à une espèce qui n'est point citée dans la Flore de Mérat, parmi celles des environs de Paris, et a été trouvé par votre collègue dans la plaine de Chevreloup, près Versailles. Le second a été cueilli par M. Steinheil, dans nos environs, où aucun botaniste n'en avait rencontré avant lui.

M. Belin a placé dans votre collection conchyliologique 103 espèces de la mer des Indes, dont M. le colonel d'artillerie Mathieu, quoique étranger à la Société, a voulu lui faire le sacrifice; 40 espèces recueillies en Égypte et en Nubie par votre correspondant, M. Auguste Cailliaud, et 19 espèces qu'un autre de vos correspondants, M. Martial Colin, a rapportés d'un voyage de circumnavigation.

MM. Baudet-Lafarge et le comte de Jousselin vous ont fait hommage, l'un d'un certain nombre d'insectes de la Barbarie, de la Guyane et du Mexique, qui faisaient partie de la belle collection de feu monsieur son père; l'autre de dix scorpions provenant de la collection d'Olivier, et étiquetés par ce savant lui-même.

Beaucoup de poissons, de reptiles, d'oiseaux et de mammifères tant étrangers que français, et une foule de pièces zoologiques ou anatomiques sont dus à la générosité de MM. Baudet-Lafarge, Touchard, l'abbé Vandenhecke, le colonel Mathieu, Berger, Belin, Néglet, Lefebvre, le docteur Le Roi et Jourdain. La plupart des oiseaux donnés ont été préparés par M. Leduc. Quoique n'appartenant point à la Société, M. Eugène Lepoittevin lui a fait don de la mâchoire de Cachalot, qui est déposée dans la première de vos salles, et M. Gannal d'un chat injecté suivant le procédé dont il est l'inventeur.

Vous n'avez point perdu le souvenir de l'aimable bienveillance que vous a témoignée M. le duc de Nemours. S A. R. ayant été informée, dans une de ses chasses à Versailles, qu'un squelette de cerf manquait à votre collection d'Anatomie et de Physiologie comparées, vous fit aussitôt remettre, par M. Jourdain, un cerf dix-cors qu'elle venait de tuer et dont elle défendit même à ses piqueurs de lever le pied.

Enfin, Messieurs, l'électrophore, la pile de Wollaston et le beau baromètre que possède votre section de Physique sont des fruits de la libéralité de son président M. l'abbé Caron.

Quant aux cartes, aux brochures et aux ouvrages plus volumineux qui sont entrés dans votre bibliothèque, le nombre en atteint presque 200. La plupart sont l'œuvre des membres résidants ou correspondants qui vous les ont remis ou envoyés. M. Huot, par exemple, vous a apporté six fois le tribut de ses veilles, et a successivement déposé sur votre bureau la carte géologique de France, une gravure coloriée présentant la coupe théorique des terrains et des formations géologiques, le cours élémentaire de Géologie, et les trois manuels de Géologie, de Minéralogie et de Géographie physique dont il est l'auteur. Vous savez combien il est difficile de trouver aujourd'hui, dans le commerce de la librairie, des exemplaires complets de l'ancienne Encyclopédie. Grâce à M. l'abbé Caron qui en a fait le don collectif à la Société des Sciences Morales, des Lettres et des Arts, et à la Société des Sciences Naturelles, elles en possèdent un aujourd'hui.

Mais vos ressources, en se multipliant ainsi de jour en jour, ne pouvaient déjà plus se développer dans l'étroit local que vous occupiez rue de la Chancellerie. Vous n'osiez d'ailleurs songer à les disposer dans des armoires dont la construction coûteuse ne se serait guère accordée avec la situation de votre caisse grevée d'un loyer considérable, ni à les ranger dans un ordre qui, à l'expiration de votre bail, aurait compliqué les difficultés du déplacement. C'est alors qu'un événement des plus heureux est venu donner à notre Société une ère nouvelle, fixer son existence incertaine et mobile, et assurer sa reconnaissance à notre Conseil municipal et particulièrement à notre Maire M. Remilly. La ville ayant définitivement acquis le vaste hôtel dont une partie était déjà occupée par sa bibliothèque, conçut la sage pensée d'y placer encore ses sociétés scientifiques. Un local spacieux et gratuit y fut donc attribué aux Sociétés des Sciences Naturelles et des Scienes Morales, des Lettres et des Arts, que leur sympathie rassure contre les inconvénients souvent attachés à la communauté de possession. Une grande salle destinée à leurs séances et une autre réservée à leurs sections ont été disposées avec autant de goût que de convenance par vos deux collègues, MM. les architectes Hippolyte Blondel et Néglet, qui vous avaient fait l'offre désintéressée de leurs services. Les soins du premier vous ont de plus pourvus d'un laboratoire commode, et il garnit en ce moment d'armoires vitrées les deux salles qui vous ont été généreusement cédées par la Société des Sciences Morales et où vos collections, classées avec méthode, se déroulent peu à peu. L'installation de l'une et de l'autre Société a été célébrée par une séance publique et solennelle qui eut lieu le 23 mars 1839, sous la présidence de M. le préfet du département, et dans laquelle M. Colin, s'exprimant au nom des Sciences Naturelles, fit ressortir les avantages dont elles ont doté l'industrie.

Notre préfet, M. Aubernon, qui appartient à la Société comme président d'honneur, lui a également montré cet intérêt que les sciences inspirent aux hommes dont l'esprit est large et éclairé. Plusieurs fois, sur sa demande, vous avez obtenu du Ministère de l'Instruction publique des allocations de fonds. Ces fonds ont été employés à l'impression de vos Mémoires que vous avez pris le parti de publier isolément, avant d'en former des recueils. Par là vous conservez le mérite de la nouveauté aux découvertes et les avantages de la priorité aux auteurs.

Cependant la science, dont le goût s'étend de jour en jour, ne se borne plus à la connaissance des lois générales, et sent le besoin de se spécialiser. Deux Sociétés nouvelles ont pris naissance, en se proposant, l'une de rechercher tout ce qui peut contribuer aux progrès de l'Horticulture, l'autre d'étudier les phénomènes mystérieux du Magnétisme animal. Un grand nombre de leurs membres font partie de la nôtre, et leur prêtent le secours d'un zéle qui n'a pas cessé d'être fructueux pour nous. Ainsi, pour propager la lumière, la flamme engendre la flamme et se divise sans s'affaiblir.

Le succés couronne donc votre persévérance, Messieurs, et tout vous encourage à poursuivre votre œuvre de propagande scientifique, en répandant autour de vous ces nobles études qui élèvent l'ame, parce qu'elles fécondent la pensée. Une des erreurs de notre époque, c'est de considérer uniquement la science comme l'instrument de l'industrie, c'est de ne la croire destinée qu'à enrichir des spéculateurs avides toujours prêts à exploiter ses veilles et à peser l'estime qu'ils lui doivent avec l'or qu'elle leur jette dans les mains. La science a une mission plus haute; et cette mission, c'est la comprendre, Messieurs, que de favoriser, comme vous le faites, ce développement intellectuel et par conséquent ce perfectionnement moral qui sont, plus encore que le bien-être matériel, les éléments essentiels de la civilisation.

www.ingramcontent.com/pod-product-compliance
Ingram Content Group UK Ltd.
Pitfield, Milton Keynes, MK11 3LW, UK
UKHW022106260726
13993UKWH00001B/351

9 782329 300115